入門
粒子・粉体工学
改訂第2版

椿 淳一郎・鈴木道隆・神田良照 [著]

日刊工業新聞社

改訂にあたって

　本書の初版は 2002 年 9 月に出版された．以来皆さまにご愛読いただき 9 刷りを重ねてきた．著者らも本書を使って講義してきたが，少なからず不備が目に付き気になっていた．しかし，現職時代は忙しく改定版を出せないでいたが，定年退職を迎え時間に余裕ができて出版社の許可も得られたので，昨秋から改訂作業を進めてきた．改訂は以下の 2 点である．

1) 初版の演習問題は重複問題やかなり難しい問題もあったので全面改訂し，重要事項や専門用語の理解の程度を確認する内容確認問題，式に数値を入れて解いてみる計算問題 I，少し高度な計算問題 II に分けて学習進度に合わせて選べるようにした．また，問題には全て解答例を載せた．
2) 章立て説立ては初版のままとし，内容の記述をより正確にわかりやすくすることに主眼を置き，用語の訂正にとどまらず，本文・図表を含めて全面書き改めた節・項も少なくない．また，例題をより充実させ，内容をより深く理解できるように工夫した．

　改定版も初版同様多くの皆さまの座右に置いていただき，お役に立てていただければ幸いである．
　改訂作業は，神田良照先生，鈴木道隆先生のご了解を得て椿淳一郎が担当した．

2016 年　大暑

椿　淳一郎

はじめに

　著者ら3人は，関西，中部，東北地区それぞれの大学で，粉体工学とその関連分野における教育と研究指導を長年行ってきている．その経験から粉体工学の重要性，将来性，他の分野との関連性を強く感じるとともに，近年の科学技術の発展により粉体工学が包括すべき内容も広範囲に，かつ深くなってきていることを実感している．また，学問，技術も当然のこととして国際化が進み，工学単位，次元の表示が国際単位系（International System of Units，略称 SI 単位系）に統一されてきている．以上のようなことが，常に著者ら3人の頭の中にあった．そのため，お互いの会話の中で，この時代に適した教科書の必要性を意識するようになり，まとめたのが本書である．本書の執筆に当たっては，粉・粒の性質と振る舞いを分かりやすく解説し，初学者もその概要を理解しやすいようにまとめ，粉体工学を体系づけることを心がけた．

　一般に，粉体は集合体として扱われるが，その特性を知るためには，集合体を構成する単一粒子，いわゆる"粒"の物性を最初に理解することが必要である．さらに"粒"が集合体として存在する時，"粒"としての物性がどこまで現象を支配し，集合体の特性にどのような影響を与えるのか，どのような集合体独自の特性が新たに生じるのかを把握することが必要である．そのため，本書は粉体工学の基礎を重視し，その内容を単一粒子の物性と粒子集合体の特性に大きく分けて整理するとともに，それぞれの技術，学問の進展状況も含めて紹介した．各章には例題問題を入れるとともに，巻末に演習問題を入れ基礎事項の理解を各自が判断できるように整理工夫した．

　本書が粉体工学の教科書として，また粉体技術のみならず関連諸産業に役立

はじめに

つ入門書のひとつとなることを願っている．

　教科書を使う立場で，本書の校閲をしていただいた山形大学名誉教授の阿部重喜先生に感謝いたします．最後に，著者ら3人の恩師である東北大学名誉教授の八嶋三郎先生に感謝いたします．

2002年5月吉日

著者一同

入門　粒子・粉体工学

目　次

第1章　粒子・粉体工学のとらえ方 …… 1

第2章　粒子および粉体の基礎物性 …… 5

2.1　単一粒子の物性 …… 5
2.1.1　粒子径　5
2.1.2　粒子形状　7
2.1.3　粒子の密度　11
2.1.4　粒子の濡れ性　13

2.2　粒子集合体の特性 …… 16
2.2.1　粒子径分布　16
2.2.2　比表面積　34
2.2.3　粒子充填構造　39

第3章　粉体の生成 …… 49

3.1　粒子の生成機構 …… 49
3.1.1　単一粒子の破砕　49
3.1.2　成長法　61

3.2　粒子集合体の生成および調製 …… 65
3.2.1　粉砕　65
3.2.2　造粒　79
3.2.3　造粒技術　81

目　　次

　　3.2.4　粉体層の均一性　83
　　3.2.5　混合・混練　87

第4章　場の中での粒子と粉体の挙動 93

4.1　場の中での粒子の挙動 93

　　4.1.1　球粒子の運動方程式　93
　　4.1.2　外力が作用しない粒子の運動　95
　　4.1.3　重力場での粒子の沈降　96
　　4.1.4　遠心場での粒子の運動　101
　　4.1.5　電磁場中での粒子の運動　102
　　4.1.6　複数の外力を受ける粒子の運動方程式　103
　　4.1.7　粒子形状が粒子の運動に及ぼす影響　104
　　4.1.8　気体圧力が粒子の運動に及ぼす影響　105
　　4.1.9　粒子内空隙が粒子の運動に及ぼす影響　106
　　4.1.10　粒子濃度が粒子の沈降挙動に及ぼす影響　106
　　4.1.11　ブラウン拡散と泳動　108
　　4.1.12　水中における微粒子の挙動　109

4.2　場を使った分離・分級操作 111

　　4.2.1　分離効率　111
　　4.2.2　ふるい分け　115
　　4.2.3　重力を利用した分離・分級　117
　　4.2.4　慣性および遠心力を利用した分離・分級　130
　　4.2.5　沪過・集塵　138
　　4.2.6　電磁的性質を利用した分離　151

第5章　粉体の力学 157

5.1　粒子間に働く力 157

　　5.1.1　付着力　157

　　　　　　　　　　　　　　　　　　　　　　　　　目　次

　5.1.2　付着力測定　161
　5.1.3　ルンプの式　162
5.2　**粒子集合体の力学** ··· 165
　5.2.1　粉体層の力学　165
　5.2.2　粉体層力学特性の測定　175
　5.2.3　粉体層の流体透過　184
　5.2.4　移動層，流動層，空気輸送　188
　5.2.5　コンピュータシミュレーション　195

内容確認演習問題 ··· 201
計算問題Ⅰ ·· 209
計算問題Ⅱ ·· 217
解　答 ·· 227

索　引 ·· 253

第1章 粒子・粉体工学のとらえ方

　生活の中で小さな固体である"粒"やその集まりである"粉"を目にし，言葉として耳に入ってくることは多い．しかしそれらを扱う粉体工学という学問の内容を，具体的にイメージできる人は多くないように思われる．それはタバコの煙や土ぼこりのように，まるで気体と同じように振る舞うこともあれば，砂が流れるように液体と同じ振る舞いをすることもあるためである．さらに粉体工学の扱う粒の大きさは，"ミリ"から"ミクロン"を経て現在は"ナノ"の領域へと広がってきている．学問としての粉体工学をイメージするために身近な生活の中で活躍している粒子・粉体の例を挙げると以下のようになる．

1) 食品：小麦粉，粉ミルク，塩，砂糖，コーヒー，ココア，抹茶，カレー粉，化学調味料，インスタントスープなど
2) 生活用品：化粧品（ファウンデーション，白粉，日焼け止めクリーム），歯磨き，線香，ペットフード，携帯用使い捨て懐炉，紙おむつ用吸水樹脂，粉末消火剤など
3) 工業製品：セラミックス，ブラウン管などの蛍光体，顔料，塗料，充填剤など
4) 建築材料：セメント，石膏，骨材（砂，砂利）など
5) 医薬品：粉薬，カプセル，錠剤など
6) コンピュータ関連材料：コピー機用トナー，液晶用スペーサー，半導体用封止材，フロッピーディスク用磁性粉など

　その他に，ペットボトル，アルミ缶などは粉と無縁のように見えても，粒子・粉体の状態を経て製品になっている．以上の例から物質が粒子・粉体で存

第1章 粒子・粉体工学のとらえ方

在する必要性と利点を挙げると以下のようである.
1) 溶解性, 反応性の促進：表面積が大きくなり活性になる.
2) 流れやすい：計測と制御性, 連続あるいは断続的に供給・排出, 成形が可能となる.
3) 組成, 構造を制御しやすい：分散, 混合, 均質化・傾斜化などができる.
4) 成分の分離がしやすい：天然資源や廃棄物からの有効成分の分離が可能となる.

以上のように書けば物質が粉体で存在する重要性は理解できると思われるが, 粉体工学の市民権ならぬ「学問権」がどの程度あるのかを知るために, 粉体工学を学ぶ前の学生を対象に以下の項目についてアンケート調査を行ってみた.

問1 "粉体"という言葉から思い浮かぶ単語あるいは物を5つ挙げて下さい.
問2 固体を粉体にする理由で思いつくことがあったら述べて下さい.

問1に対して約6割の学生から, 583の回答があり, 50種類余りの物質名が挙げられていた. 物質名の中で肉骨粉をあげた学生が10名, 麻薬・覚醒剤を挙げた学生が4名おり, この時代の背景を知ることができる. アンケート結果を物質名, 分野別, 粉体の利点の項目に分けて上位から**表1.1**に示す. また, 分野別のその他（12.5%）には, おがくず, ほこり, 花粉のように先に述べた6種類の例に入らない物質である. 全体として日常生活で接している食品が粉体のイメージである.

問2に対しては4割強の学生から405の回答があった. この集計結果は, 先に述べた4つの利点に分類した.

表1.1 粉体に対する学生のイメージ調査結果

思い浮かんだ粉体	分野別分類	思い浮かんだ粉体の利点
小麦粉　(20.8%)	食　品　(49.1%)	溶解性, 反応性の促進　　(42.0%)
粉　薬　(12.3%)	建築材料 (18.4%)	組成, 構造の制御しやすさ (41.1%)
砂　　　(10.8%)	生活用品 (16.6%)	流れやすさ　　　　　　　 (6.5%)
塩　　　 (8.7%)	医薬品　 (12.3%)	成分の分離のしやすさ　　 (4.2%)
砂　糖　 (7.7%)	その他　 (12.5%)	

このように，産業および生活に不可欠な粉体は，以下の3つの条件を満たしている．
1) 小さい粒である．
2) 多数個の粒子の集合体である．
3) 粒子間に相互作用がある．

また，粉を表す言葉として，粒体（granule），粉体（powder），粉粒体（particulate matter）がある．粒子はその大きさに応じて，粒子（particle），微粒子（fine particle），超微粒子（ultra fine particle），サブミクロン粒子（sub-micron particle），ナノ粒子（nano-particle）などに区別されることがある．

本書では，小さな固体を粒，その集まりを粉と定義したが，大きな粒子を粒，小さな粒子を粉としている場合もあり，これらの用語の間の区別は必ずしも統一されていない．

製粉のように古くから生活に密着して使われてきた粉体技術は，情報技術産業をはじめとする現代の様々な産業分野で大きな役割を果たしている．学問としての粉体工学の概念が理解されにくい理由の1つには，粉体工業と呼ばれる産業がないことも挙げられる．粉体が最終製品となる工業ばかりでなく，粉体はあらゆる産業において，プロセスの出発・中間原料として存在したり，触媒のように媒体としてプロセスに関与している．

粉体が関与する主な諸操作をあげると，粉砕，分級，貯蔵，充填，輸送，造粒，混合，沪過，濃縮沈降，集塵，乾燥，溶解，晶析，分散，成形，焼成などがある．これらの操作からもわかるように粉体が関係する工業は多岐にわたり，粉体工学は基礎的な学問として必要不可欠である．

本書では粒を固体としたが，水中の気泡や油滴も粒として扱うことができる．

粉体工学の対象は，粒子が集合していることによって起こる物性と挙動である．図1.1に示すように，粉体の挙動は単一粒子の挙動および粒子間の相互作用で規定され，粉体挙動は生産目的に応じた装置によって制御（粉体操作）される．そこで本書においては，その内容を"粒"（単一粒子）と"粉体"（集合体）とに大きく分けて整理し，基礎事項の説明を十分行うことを基本にした．

第1章　粒子・粉体工学のとらえ方

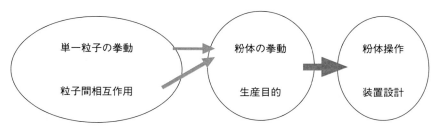

図1.1　本書における粉体工学のとらえ方

短い時間に楽しく基礎知識を修得し，これを基に新しい分野を開拓，発展させていくために本書が役立つことを願っている．

第2章 粒子および粉体の基礎物性

粉体を原料として利用したりあるいは製品とするためには,要求される特性を粉体に付与することが必要となる.それにはまず粉体の特性や物性を定義しなければならない.本章では,粒子や粉体の基本的な物性の定義,測定法や評価法について述べる.その他,電気的,磁気的,物理化学的特性については第4,5章で簡単に述べる.

2.1 単一粒子の物性

2.1.1 粒子径 (particle diameter)

粒子の大きさ(粒度,particle size)を長さで示したものを粒子径といい,本書では$x\,[\mathrm{m}]$と表す.球とか立方体あるいは円柱,角柱,円板というように幾何学的に定義される形状をしている粒子については,その大きさを表す寸法である粒子径は,直径とか高さとか一辺の長さで表すことができる.しかし一般に扱われている粉体粒子は不規則な形をしているのが普通であり,これらの不規則形状粒子の大きさを一義的に表すためには,粒子径の定義が必要になる.

このように規則性,相似性のない粒子の大きさは,粒子が関与する物理現象を使って定義されたり幾何学的に定義される.これらの粒子の大きさを表す寸法を代表粒子径と呼んでいる[1].表2.1に主な代表粒子径の定義をまとめて示した.図2.1に,ある粒子の大きさをいくつかの代表粒子径で表した例を示す.

第2章　粒子および粉体の基礎物性

表2.1　主な代表粒子径

分類		代表粒子径	記号*	定義
物理現象		ふるい目開き径	x_{SV}	ふるい目開き
	相当径	ストークス（Stokes）径，沈降速度径，沈降相当径	x_{St}	粒子の終末沈降速度と同じ終末沈降速度を持つ，粒子と同じ密度の球の直径
		光散乱相当径	x_{LS}	粒子による光散乱パターンに最も近い散乱パターンを与える，粒子と同じ屈折率を持つ球の直径
		拡散相当径	x_D	粒子と同じ拡散係数を与える球の直径
幾何学的		体積球相当径，体積相当径	x_V	粒子と同じ体積を持つ球の直径
		表面積球相当径，表面積相当径	x_S	粒子と同じ表面積を持つ球の直径
		面積円相当径，面積相当径，ヘイウッド（Heywood）径	x_H	粒子の投影面積と等しい面積を持つ円の直径
		周長円相当径，周相当径	x_L	粒子の投影周長と等しい周長を持つ円の直径
	三軸径	短径	x_b	最も安定な姿勢で水平面上に置かれた粒子の鉛直方向への投影像を，2本の平行線で向きを変えながらはさんだ時の最も小さい間隔
		長径	x_l	短径に直角な向きで測った平行線の間隔
		厚み	x_t	水平な面で粒子をはさんだ時の面間隔
	定方向径，統計的径	フェレー（Feret）径	x_F	粒子をはさむある一定方向の平行線間隔
		マーチン（Martin）径	x_M	粒子投影面積を2等分する一定方向の弦長
		展開半径	x_R	粒子投影像の重心から輪郭までの距離
	平均定方向径	平均フェレー径	$E(x_F)$	粒子投影像を180度回転して得られる定方向径の平均. $E(x) = \frac{1}{\pi}\int_0^\pi x \mathrm{d}\theta$, $E(x_R) = \frac{1}{2\pi}\int_0^{2\pi} x_R \mathrm{d}\theta$
		平均マーチン径	$E(x_M)$	
		平均展開径	$E(x_R)$	

*記号は便宜的なものである．

2.1 単一粒子の物性

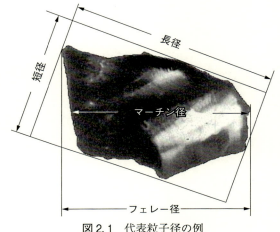

図2.1 代表粒子径の例

2.1.2 粒子形状 (particle shape)

粉体の充填性や流動性を向上させるには,粒子の形は球に近い方がよい.また,磁気テープに用いられる磁性粉のように記憶密度を上げるためには針状粒子がよく,金箔粒子のように同じ質量で面積を大きくするには偏平な粒子がよい.このように粒子の形状は粉体の基礎的現象に関係するとともに,使用目的に合った形状の粒子が望まれる.晶析に代表されるように粒子を生成する場合,粒子の形がプロセス条件や結晶系などで規定されてしまうこともある.

一般に扱われる粒子は不規則な形をしているため,その形状を何らかの方法で表現することが必要になるが,粒子の形状を他の物性値のように数値で表現することは困難である.三輪[2]は粒子形状の定量的表現を,次の2つに大別している.

形状指数(形状の表現):粒子の形状そのものを何らかの数値で表現し,形状の相違あるいは影響の比較に使う.

形状係数(形状に関する因子の表現):形状を表現するのが目的ではなく,粉体の持つ性質あるいは現象を表す関数関係の中に,粒子形状に関する因子が含まれ,これを1つの係数として取り出し,形状係数と呼ぶ.

第2章　粒子および粉体の基礎物性

1) 形状指数（particle shape index）

代表粒子径による定義：一般に代表粒子径 x_A と x_B の比で定義される形状指数を $\varphi_{AB}=x_A/x_B$ と書くことにする．表2.1のいずれの組み合わせによっても形状指数の定義は可能であるが，一般に用いられるのは，長短度（$\varphi_{lb}=x_l/x_b$），扁平度（$\varphi_{bt}=x_b/x_t$），円形度（$\varphi_{HL}=x_H/x_L$），球形度（$\varphi_{VS}=x_V/x_S$）などである．円形度は円，球形度は球の場合に1となり，円および球から外れるほど小さな値となる．

定義より $\varphi_{HL}=\varphi_{HF}\cdot\varphi_{FL}$ の関係が成り立つので，この関係を利用して図2.2に示すようなある種の三角線図を作ることができる[3),4)]．φ_{FL} は正多角形のように凹部を持たない輪郭では1となり，φ_{HF} は主に粒子の長短に対応しているので，円形度では表現できない形状の特徴を定量化できる[3),4)]．

フラクタル次元による定義：フラクタル次元はマンデルブロー（Mandel-

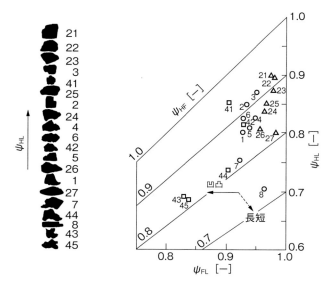

図2.2　三角線図による粒子形状の表現（1～8；石灰石，21～27；ガラス破砕片，41～45；噴霧ステンレス粒子）

2.1 単一粒子の物性

brot)[5] によって提案された実数値を取る次元のことで，粒子形状表現にも用いられる．粒子投影像輪郭線のフラクタル次元を求める方法としてはディバイダー法がある．この方法では，図2.3のように粒子輪郭線を長さrの線分で折れ線近似し，1周するのに要する本数$N(r)$を求める．rを変えて同様な操作を繰り返し，rと$N(r)$の関係を図のように両対数プロットし，rと$N(r)$が直線関係を示せば式（2.1）に基づき

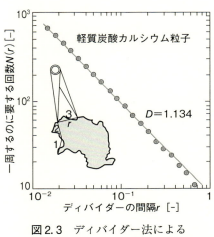

図2.3 ディバイダー法によるフラクタル次元の算出

得られた直線の傾きに-1をかけフラクタル次元Dの値が求まる[6]．

$$N(r) \propto r^{-D} \tag{2.1}$$

Dの値は，表面の滑らかな粒子では1に近く，表面に凹凸のある粒子では1を越える．したがって，粒子投影像のフラクタル次元は粒子表面の凹凸状態を定量的に表現している．線分の代わりに粒子投影像を一辺がrの正方形で覆い，投影像あるいは輪郭線を含む正方形の数$N(r)$を求めるのがカバー法である．

凝集粒子のフラクタル次元を求めるのには回転半径法がよく使われる．この方法では凝集粒子中心から半径Rの円を描き，その中に含まれる構成1次粒子の数$N(R)$を求める．Rと$N(R)$の両対数プロットからフラクタル次元Dを算出する[7]．凝集粒子中心から半径Rの球内に含まれる1次粒子数を数えれば，立体的な構造を表す2～3の範囲の値を取るフラクタル次元を得ることもできる．

多数の粒子について，個々の粒子の周長Pと投影面積Aを求め，それらの値を両対数プロットし，式（2.2）を使ってその直線の傾きから多数の粒子輪郭線の平均的なフラクタル次元を求める簡便法が提案されている[8]．

$$P \propto A^{D/2} \tag{2.2}$$

周長と投影面積の代わりに各粒子の表面積と体積を両対数プロットすれば立体的な粒子形状表現も可能である．

大きさの違う分子の吸着を使ったフラクタル次元測定を用いれば，微粒子の形状表現も可能である．

フーリエ変換法：粒子輪郭線をフーリエ変換し，得られたフーリエ係数を用いて形状を定量化する方法で，粒子の形状を再現できる[9]．

2) 形状係数 (particle shape factor)

粒子の体積や表面積，比表面積と粒子径を関係づける係数である．何らかの方法で測定した粒子の代表粒子径をx，表面積をS，体積をVとすると次の関係が成立する．

$$S = \Psi_S x^2 \tag{2.3}$$
$$V = \Psi_V x^3 \tag{2.4}$$

このΨ_S，Ψ_Vをそれぞれ表面積形状係数，体積形状係数という．

さらに粒子の単位体積当たりの表面積を体積基準の比表面積S_vといい，次式で表される．

$$S_v = \frac{S}{V} = \frac{\Psi_S x^2}{\Psi_V x^3} = \frac{\Psi}{x} \tag{2.5}$$

ここでΨは比表面積形状係数と呼ばれ，Ψ_S，Ψ_Vと次式で関係づけられる．

$$\Psi = \frac{\Psi_S}{\Psi_V} \tag{2.6}$$

直径xの球の場合，表面積はπx^2および体積は$\pi x^3/6$，また一辺がxの立方体では，表面積は$6x^2$で体積はx^3となるため，球と立方体では共に$\Psi=6$となり，比表面積S_vと粒子径xは次式で関係づけられる．

$$S_v = \frac{6}{x} \tag{2.7}$$

不規則な形状の粒子の場合には，一般に比表面積形状係数は6より大きくな

る．特にシリカゲルや活性炭のような多孔質粒子では大きな値となる．

この他，流体中での粒子の挙動に関係する動力学的形状係数がある．これについては4.1.7「粒子形状が粒子の運動に及ぼす影響」(p.104) で述べる．

【例題 2.1】 粒子径 $5\,\mu m$，表面積 $150\,\mu m^2$，体積 $95\,\mu m^3$ の粒子がある．この粒子について次の値を求めよ．
1) 表面積形状係数
2) 体積形状係数
3) 比表面積形状係数
4) 体積球相当径

【解答】
1) 式 (2.3) より $150 = \Psi_S 5^2$ となり $\Psi_S = 6$
2) 式 (2.4) より $95 = \Psi_V 5^3$ となり $\Psi_V = 0.76$
3) 式 (2.6) より $\Psi = \dfrac{\Psi_S}{\Psi_V} = 7.89$
4) $95 = \dfrac{1}{6}\pi x^3$ となり $x = 5.66\,\mu m$

2.1.3 粒子の密度 (particle density)

密度は単位体積当たりの質量で，[$kg\cdot m^{-3}$] の次元となる．粒子の密度には次の3種類があり，必要に応じて現象を説明するのに適した密度が使われている．真密度 (true density) は図2.4(a) に示したように粒子の内部に閉じた空間のない場合の粒子の密度で，厳密な意味での固体密度である．図2.4(b) のように粒子内部に閉じた空間がある場合，粒子の体積はこの空間を含めて測定され，この場合の密度を粒子密度 (particle density) という．見かけ粒子密度 (apparent particle density) は，粒子内部の閉じた空孔の他粒子表面の割れ目やくぼみも粒子の体積として測定した密度をいう．

粒子密度は図2.5のようなガラス製のピクノメータ（比重びん）によって測

第2章　粒子および粉体の基礎物性

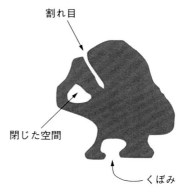

(a) 閉じた空間のない
　　粒子の断面

(b) 閉じた空間を有する
　　粒子の断面

図2.4　粒子の密度の考え方

定される．内容量20～30mlのピクノメータに、秤量済みの粉体試料M_s[kg]を見かけで半分ほど試料を入れる．粉体内に気体が残らないように注意しながらピクノメータ内に密度ρ_f[kg·m^{-3}]の液体を入れて栓をし，その時の質量M_3[kg]を測る．容器から試料を取り出してよく洗い，ピクノメータに密度ρ_f[kg·m^{-3}]の液体だけを入れて栓をし，その時の重量M_2[kg]を測る．これらの値から次式を使って試料の粒子密度ρ_p[kg·m^{-3}]を求めることができる．

$$\rho_p = \frac{M_s}{M_2 + M_s - M_3}\rho_f \quad (2.8)$$

図2.5　ピクノメータ

液体には試料粉体を溶解せず，粒子表面を濡らしやすく，蒸発しにくいものを用いる必要があり，実際には蒸留水やケロシンなどを使う場合が多い．また，粉体内に気泡が残らないように加熱して液体を沸騰させたり，減圧脱気してから液体を入れる．微粉体の場合には液体の代

わりにヘリウムガスを用いたヘリウムピクノメータ法や空気を用いた空気圧比較法が用いられる.

2.1.4 粒子の濡れ性

粒子表面が水和水分子によって完全に覆われる粒子は親水性粒子, 完全に覆われることがない粒子は疎水性粒子と呼ばれる. 工業材料として用いられる粒子はほとんどが疎水性粒子であるため, その濡れ性が問題となる.

1) 接触角 (contact angle)

平らな固体表面に液体を一滴置いた時, 水が一様に広がる表面を濡れやすい表面といい, これに対して水滴が点々と残る表面を濡れにくい表面という. 液滴は濡れやすい表面上では図2.6(a)のように扁平になり, 濡れにくい表面上では図2.6(b)のように球に近い形で存在する. 図中の θ を接触角と呼び, 固体の濡れ性を表す. 濡れ性の良い固体表面では $0 \leq \theta < \pi/2$, 濡れ性の悪い固体表面では $\pi/2 \leq \theta < \pi$ となる. 図2.6において固体-気体間, 固体-液体間および液体-気体間の界面張力をそれぞれ $\gamma_{S/G}$, $\gamma_{S/L}$, $\gamma_{L/G}$ とすると, 固体-液体-気体の接触点においては, 次式に示す力の釣り合いが成立する. これをヤング (Young) の式という.

$$\gamma_{S/G} = \gamma_{S/L} + \gamma_{L/G} \cos\theta \tag{2.9}$$

界面張力 γ の次元は [N·m^{-1}] である. なお, 液体-気体間の界面張力は一般に表面張力と呼ばれる.

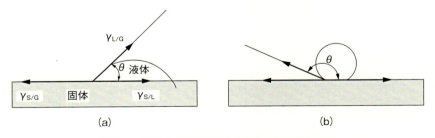

図2.6 平らな固体表面上の液体 (θ:接触角)

第2章 粒子および粉体の基礎物性

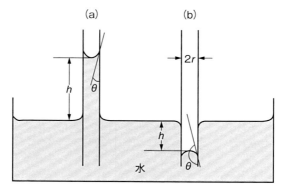

図2.7 毛細管力 ((a):濡れ性の良い毛細管, (b):濡れ性の悪い毛細管)

表面張力の存在は水の毛細管上昇によってよく知られている．いま，図2.7(a)に示すように濡れ性の良い毛細管を水中に鉛直に立てると，水がある高さ（毛管上昇高さ）h [m] まで上昇する．この時の力の釣り合いは次式で表される．

$$\pi r^2 h \rho_f g = 2\pi r \gamma \cos\theta \tag{2.10}$$

ここで r [m] は毛細管の半径，ρ_f [kg·m^{-3}] は水の密度，g [m·s^{-2}] は重力の加速度，γ は水の表面張力である．一方，濡れ性の悪い毛細管を水中に立てると図2.7(b)に示すように，水は逆に自由界面より下に押し下げられる．この時も力の釣り合いは式 (2.10) で表される．ただし，この時の h の値は負になる．

粉体の濡れ性は粉体の液中への分散，溶解，造粒，混練，浮遊選鉱など粉体操作に影響を与える表面物性の1つである．

2) 接触角の測定法

個々の粒子の表面で図2.6に示すような測定を行うことは不可能であるため，図2.8に示すように粒子充填層に液を含浸させる方法により接触角を測定する．これは，粉体の充填層は毛細管の集まりと見なせるため（5.2.3「粉体層の流体透過」，図5.27参照），充填層中の空間を半径 r の毛細管で置き換えると，液の上昇を防ぐために必要な圧力 P [Pa] は次式で与えられる．

2.1 単一粒子の物性

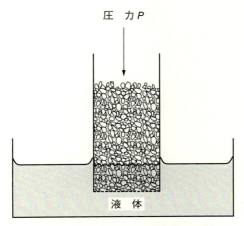

図2.8 毛細管法による接触角の測定

$$2\pi r \gamma \cos\theta = \pi r^2 P \tag{2.11}$$

$$\gamma = \frac{rP}{2\cos\theta} \tag{2.12}$$

したがって式 (2.12) から，表面張力 γ を算出することができる．ここで毛細管の平均半径 r は表面張力が既知 (γ_0) で粉体を完全に濡らす液体 ($\cos\theta = 1$) を使って同様の実験を行い，次式から予測する．

$$r = \frac{2\gamma_0}{P_0} \tag{2.13}$$

P_0 はこの時に液体の上昇を防ぐために必要な圧力である．

【例題 2.2】 半径が 1.5 mm の毛細管の毛管上昇高さ h を求めよ．ただし水の表面張力は 72.8×10^{-3} N·m^{-1}，密度は 998 kg·m^{-3}，接触角は $\theta \approx 0$ とする．

【解答】 式 (2.10) $\pi r^2 h \rho_f g = 2\pi r \gamma \cos\theta$ から $h = \dfrac{2\gamma\cos\theta}{r\rho_f g}$ となり，それぞれの値を代入して $h = \dfrac{2 \times 72.8 \times 10^{-3} \times 1}{1.5 \times 10^{-3} \times 998 \times 9.81} = 9.9 \times 10^{-3}$ [m] あるいは $h = 9.9$ mm

2.2 粒子集合体の特性

2.2.1 粒子径分布（particle diameter distribution）

　工業用原料・中間体あるいは製品となる粉体は，一般に様々な大きさの粒子を含んでいる．粒子径が多くの粉体現象や操作に影響することは，その広がりである粒子径分布も重要な因子となることを意味する．そのためには粒子径分布を正しく評価し，表示することが必要になる．また，複雑な粉体現象を説明するには，粒子径分布に代って分布を代表するような何らかの粒子径，あるいは平均粒子径を使う方が有用な場合もある．粉体を取り扱う工業において粒子径分布の測定を必要とする範囲は，おおよそセンチからナノのオーダーと広いため，測定する粒子径範囲に適した測定原理と方法が使われている[10),11)]．

1）測定用試料のサンプリング（sampling）

　工業の1つのプロセスで扱われる粉体は相当な量になるため，その物性の測定においては，まず最初に測定用試料のサンプリングが重要である．粒子径分布の測定に必要な試料量は，数十gから数mgであるので，多量の粉体から代表性を失わずにサンプリングしなければならない．実働プロセスからのサンプリングでは，粉体の流れに対して直角に横切るように試料を採取する．容器や袋からのサンプリングでは，様々な場所からサンプリングする必要がある．サンプリングした試料は，各測定方法に適した量まで以下の方法で縮分していく．

　分割器による縮分：図2.9に示すように，2分割器に試料を上方から供給して，垂直壁で交互に左右2つに分割する．また図2.10に示す回転分割器では数個に仕切られた回転受器に垂直に粉体を供給し，一度に数分の1に縮分できる．

　円錐四分法，二分法：分割器がない場合や試料量が少ない場合に用いられる．採取した試料を水平面上に上方から供給して円錐状に堆積させ，円錐台状につ

2.2 粒子集合体の特性

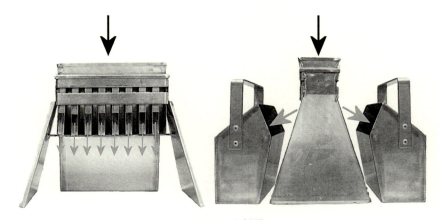

図2.9　2分割器

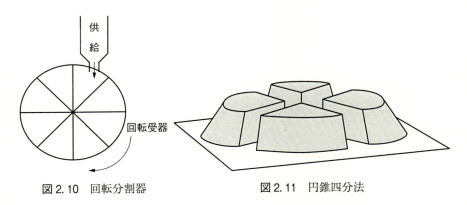

図2.10　回転分割器　　　　図2.11　円錐四分法

ぶす．これを図2.11のように中心を通り直交する直線で2分割，あるいは4分割して測定に必要な量まで縮分していく．

2) 粒子径分布の測定

　広い範囲の粒子径を1つの原理で測定することは不可能である．そのため粒子径範囲に適したいろいろな測定方法，原理が使われている．特にミクロンオーダーの粒子径分布測定には，いくつかの原理に基づいた測定装置が開発され使われている．ここでは粒子径の大きい順にその代表的な測定方法について述

第2章 粒子および粉体の基礎物性

図2.12 ふるいの目開き

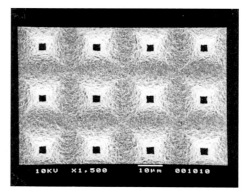

図2.13 目開き3μmの電成ふるいの顕微鏡写真

べる．

ふるい分け法：数十μm以上の粒子の乾式測定には，主にこの方法が用いられる．ふるい分け法では，図2.12に示すように目開きx（正方形の一辺の長さ）の網目を通過した粒子は，粒子径xより小さい粒子と定義する．JISで規定している試験用ふるいの目開きを表2.2に示す．隣接するふるいの目開きは，公比を$10^{3/40}$とする等比級数に基づいている．市販されている最小目開きは，図2.13に写真を示した電成ふるいの3μmである[12]．市販されているふるいには数種類があるが，試料が数十g程度の時には一般に，直径200 mm，高さ45 mmのふるいが使われている．

粒子径分布の測定では，ふるいを目開きの順に6段程度重ねて最上段のふるいに試料を入れ，受皿とふたとともに図2.14に示すロータップ式ふるい振とう機にかけ分級する．ふるい分け精度は試料量が少ないほどよくなるが，秤量精度は多い方がよくなる．また，ふるい分け条件は試料の性質，ふるい分け時

図2.14 ロータップシェーカー

2.2 粒子集合体の特性

表2.2 試験用ふるい

ふるい網 (R40/3シリーズ) JIS Z 8801-1:2006		板ふるい (R20シリーズ) JIS Z 8801-2:2006			電成ふるい (R40/3シリーズ) JIS Z 8801-3:2006		
目開き [μm]	線径 [μm]	目開き [mm]	ピッチ [mm]	板厚さ [mm]	目開き [μm]	ピッチ [μm]	板厚さ [μm]
125×10^3	8×10^3	125	160	3	500	620	50
106×10^3	6.3×10^3	112	140	3	425	530	45
90×10^3	6.3×10^3	100	125	3	355	450	30
75×10^3	6.3×10^3	90	112	3	300	380	30
63×10^3	5.6×10^3	80	100	3	250	320	30
53×10^3	5×10^3	71	90	3	212	270	25
45×10^3	4.5×10^3	63	80	3	180	240	25
37.5×10^3	4.5×10^3	56	71	3	150	200	20~25
31.5×10^3	4×10^3	50	63	3	125	170	20~25
26.5×10^3	3.55×10^3	45	56	3	106	150	15~25
22.4×10^3	3.55×10^3	40	50	3	90	130	15~25
19×10^3	3.15×10^3	35.5	45	2	75	110	12~25
16×10^3	3.15×10^3	31.5	40	2	63	95	12~25
13.2×10^3	2.8×10^3	28	32.5	2	53	85	12~25
11.2×10^3	2.5×10^3	25	31.5	2	45	75	12~25
9.5×10^3	2.24×10^3	22.4	28	2	38	65	12~25
8×10^3	2×10^3	20	25	2	32	60	10~25
6.7×10^3	1.8×10^3	18	22.4	2	25	50	10~25
5.6×10^3	1.6×10^3	16	20	2	20	45	10~25
4.75×10^3	1.6×10^3	14	18	2	16	40	10~25
4×10^3	1.4×10^3	12.5	16	2	10	30	10~25
3.35×10^3	1.25×10^3	11.2	14	1.5	5	25	8~25
2.8×10^3	1.12×10^3	10	12.6	1.5			
2.36×10^3	1×10^3	9	11.6	1.5			
2×10^3	0.9×10^3	8	10.4	1.5			
1.7×10^3	0.8×10^3	7.1	9.4	1.5			
1.4×10^3	0.71×10^3	6.3	8.5	1			
1.18×10^3	0.63×10^3	5.6	7.7	1			
1×10^3	0.56×10^3	5	6.9	1			
850	500	4.5	6.3	1			
710	450	4	5.8	1			
600	400	3.55	5.2	1			
500	315	3.15	4.7	1			
425	280	2.8	4.35	1			
355	224	2.5	3.9	1			
300	200	2.24	3.6	1			
250	160	2	3.3	1			
212	140	1.8	3.1	1			
180	125	1.6	2.75	0.6			
150	100	1.4	2.6	0.6			
125	90	1.25	2.45	0.6			
106	71	1.12	2.22	0.6			
90	63	1	2	0.6			
75	50						
63	45						
53	36						
45	32						
38	30						
32	28						
26	25						
22	20						

間などにも影響を受けるため，予備実験を行って測定条件を決めることが望ましい[13]．一般的には，試料がふるい面上に数層となる程度に入れ，ふるい分け時間は5〜10分とする．

沈降法：静止流体中での粒子の沈降速度は粒子径によって変わる．沈降法は粒子の沈降という比較的わかりやすい物理現象で粒子径を測定する方法である．数十μmより小さい球形粒子は，静止流体中において次式で与えられる一定の終末沈降速度（terminal velocity）で沈降する．

$$u_\infty = \frac{(\rho_\mathrm{p} - \rho_\mathrm{f})gx^2}{18\mu} \tag{2.14}$$

ここで，u_∞ [m·s^{-1}] は，直径 x [m] の球粒子の終末沈降速度，μ [Pa·s] は流体の粘度，ρ_p [kg·m^{-3}] および ρ_f [kg·m^{-3}] はそれぞれ粒子と流体の密度，g [m·s^{-2}] は重力加速度である．一般に扱われる非球形粒子の粒子径は，終末沈降速度が等しくなる球の直径として定義され，沈降速度径，沈降相当径あるいはストークス径と呼ばれている．粒子の流体中の沈降挙動については，4.1.3「重力場での粒子の沈降」（p.96）で詳しく述べる．

粒子径分布の測定においては，それぞれの粒子の沈降速度を測定するのではなく，粒子懸濁液の時間による濃度変化より求める．粒子濃度の測定には，粒子懸濁液中の任意の測定位置を通過した粒子量，あるいは測定位置より上部にある粒子量を測定する積算法と，測定位置での粒子濃度を測定する増分法がある．

ここでは，一般的に用いられる増分法について説明する．図2.15に示すように分散媒（普通は分散剤の水溶液）中に試料粉体を分散させた後静置する．この時を $t=0$ として，懸濁液の初期濃度 C_0 [kg·m^{-3}] を測定する．C_0 は懸濁液を調製した時の分散媒と試料の質量から計算で求めることもできる．時間 t_1 の経過後に，図2.15に示す懸濁液表面から深さ h の位置で濃度 C_1 を測定する．時間 t_1 後に深さ h に存在する最大粒子の終末沈降速度 u_1 とその粒子径 x_1 は，式（2.14）より次式で求められる．

2.2 粒子集合体の特性

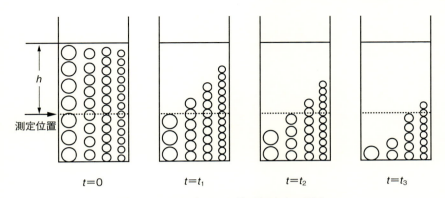

図 2.15 沈降法による粒子径分布の測定

$$u_1 = \frac{h}{t_1} = \frac{(\rho_p - \rho_f)gx_1^2}{18\mu} \tag{2.15}$$

粒子径 x_1 より小さい粒子の質量割合,すなわち質量積算分率 $Q_3(x_1)$ は次式となる.

$$Q_3(x_1) = \frac{C_1}{C_0} \tag{2.16}$$

懸濁液の粒子濃度は,アンドレアゼンピペット法,光透過法,X線透過法,比重計法,比重天秤法,圧力法などによって測定される.

式 (2.14) において粒子の沈降速度は粒子径の2乗に比例し,粒子径が小さくなると測定に長時間を要するために,微粒子の測定には重力の代わりに遠心力が用いられる.これは,図 2.15 の懸濁液を回転半径 r [m] および回転角速度 ω [rad·s^{-1}] の回転場に置くと,遠心加速度が $r\omega^2$ になるので,この時の粒子の沈降速度は式 (2.14) の g を $r\omega^2$ に置き換えて式 (2.17) となる(式 (4.24) を参照).

$$u = \frac{(\rho_p - \rho_f)r\omega^2 x^2}{18\mu} \tag{2.17}$$

遠心場においては粒子径分布の測定時間が短縮できるとともに,サブミクロンオーダーの粒子まで測定が可能になる.

第2章　粒子および粉体の基礎物性

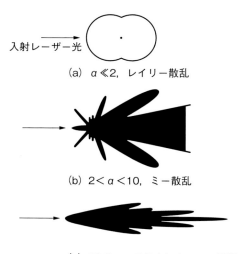

(a) $\alpha \ll 2$，レイリー散乱

(b) $2 < \alpha < 10$，ミー散乱

(c) $10 \ll \alpha$，フラウンホーファ回折

図2.16　粒子による光散乱パターン（$\alpha = \pi x/\lambda$）．

レーザー回折・散乱法：大気中に浮遊する水滴やほこりに光が当たると光は散乱する．光の散乱は図2.16に示すように，粒子の大きさによって異なる．レーザー回折・散乱法では，散乱パターンから粒子の大きさを識別し，散乱光の強度から粒子の数を識別している．粒子による光散乱は粒子の大きさ x と光の波長 λ の関係によって，レイリー（Rayleigh）散乱，ミー（Mie）散乱，フラウンホーファ（Fraunhofer）回折と分類されるが，起こっている物理現象としては全て同じであり，散乱光の強度分布は粒子の大きさによらずミーの式で表される．

nmオーダー領域（$x \ll \lambda$）の粒子では，図2.16(a)に示すように光は全方向に点対称状に散乱され，その強度分布は繭玉状になる．繭玉の形は相似で大きさだけが粒子径によって異なるだけなので，散乱光強度分布は複雑なミーの式よりもレイリー式で表す方が便利である．この領域では散乱パターン（繭玉の形）が変化しないため，粒子が大きくなっても粒子の数が増えても，同じように散乱光強度が増すだけなので，ただ単に散乱光の強度分布を測定するだけでは粒子径の識別はできず，偏光成分に分けるあるいは波長の異なる複数の光源

を使うなどの工夫が必要である．

μm から nm のオーダー（$x \approx \lambda$）の粒子では，図 2.16(b) に示すように光はより前方に多く散乱するようになり，複雑な散乱パターンを描く．この領域の散乱パターンはミーの式でしか表すことができない．mm から μm のオーダー（$x \gg \lambda$）の粒子になると，散乱現象は幾何光学的なフラウンホーファ回折現象としてとらえられ，図 2.16(c) に示すように光は狭い角度で前方にのみ散乱される．

装置の構成例を図 2.17 に示す．測定機種により異なるが，基本的に散乱光検出部，分散槽および演算処理部から構成されている．光源には出力数 mW の単一波長 He-Ne もしくは半導体レーザーが使用されている．

本測定原理では，測定上限は 2～3 mm，下限が数十 nm 程度までの測定が可能である．分散槽には粒子の再凝集を防止するため，超音波分散器や超音波プローブが内蔵されている．散乱光強度は数百回から数千回検出され，その散乱光強度分布パターンの平均値を回折もしくは散乱理論によって解析し，粒子径分布が出力されるため，レーザー回折・散乱法は高い再現性を示す．

ほとんどの装置は湿式測定が標準となっているが，乾式測定も可能である．本原理では試料粒子の屈折率が必要であるが，屈折率が未知の試料に対しては推定法[14),15)] が提案されている．本法は再現性がよく，測定時に試料の分散を同時に行うことができる，測定時間が短い，操作が簡単，測定の自動化が容易

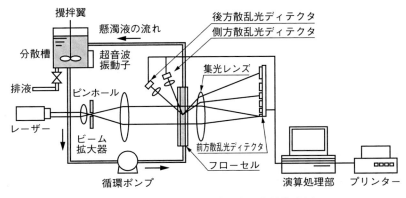

図 2.17 レーザー回折散乱法の装置構成例

第2章　粒子および粉体の基礎物性

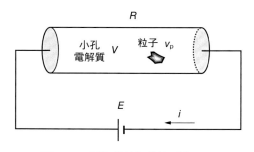

図2.18　電気的検知帯法測定原理

であることなどにより，粒子径分布の測定に最も多く用いられている．

電気的検知帯法：電気的検知帯法は電気的検知法あるいは小孔通過法とも呼ばれる．その測定原理は，図2.18に示すように電解質で満たされた小孔（細孔）の電気抵抗が，小孔内電解質の量に対応して変化することを利用している．小孔内に体積 v_p の粒子があると，v_p の電解質が排除されるので電気抵抗が ΔR だけ増大する．ΔR と v_p は比例関係にあり，小孔を定電流回路につなぐと粒子の体積は電圧変化 ΔE として検出される．ΔE と v_p の直線性が保たれるのは，粒子断面積が小孔断面積の40%までである．また，粒子断面積が2%以下では電圧変化がノイズに隠れてしまう．したがって，1つの小孔で測定できる範囲は小孔の2～40%の大きさの粒子である．現在市販されている測定用細孔径は15～2,000μmである．本測定の特徴は，粒子の体積をミクロンオーダーまで一個一個測定できることで厳密な粒度管理が可能である．第2の特徴は，測定に当たり何らの粒子物性を必要としないことである．したがって，全く未知の試料，密度や屈折率が異なる混合試料も測定することができる．

顕微鏡法（画像解析法）：光学顕微鏡あるいは電子顕微鏡などによる2次元像から粒子径が測定される．画像解析法で測定される主な粒子径には，表2.1に示した面積円相当径，フェレー径，マーチン径などがある．この方法は粒子の大きさだけでなく，粒子の形状や凝集状態など種々の幾何学的な情報を得ることができる長所を持っている．しかし，粒子の偏析や重なりのない画像を得ることはそう簡単なことではなく，また粒子径分布が広い粉体では，被写体深

度との関係でピントの合わない粒子が出てくるなど問題も多い．さらに統計的な偏りが問題になるので，できるだけ多くの粒子を測定する必要があり，測定には時間がかかる[16),17)]．

大きな粒子については3方向からの画像を撮影し，3次元的な粒子径や形状を求める試みも行われている[18),19)]．

光子相関法（動的光散乱法）：液体中に分散している粒子は，粒子径が小さいほど活発なブラウン運動をする．したがって，ブラウン運動をしている粒子に光を当てた場合，得られる散乱光は粒子の拡散挙動，すなわち粒子径に依存したゆらぎを示す．光子相関法は，このゆらぎを持った散乱光から粒子径を求める方法である．粒子径分布の狭い超微粒子の測定に用いられている 4.1.11「ブラウン拡散と泳動」，(p.104 参照)．

その他の測定方法：その他の測定法としては，光が粒子によって遮られる時間や面積から粒子径を求める遮光法，液中に分散した粒子に超音波を入射し，粒子によって音波が散乱・吸収された減衰量を測定することにより粒子径を求める超音波減衰分光法などがある[10),11)]．

3）粒子径分布の表示

一般に粒子径分布は，ある粒子径より小さい粒子の割合を表す積算分布 $Q(x)$，ある粒子径範囲に入る粒子の割合を表すヒストグラム $\overline{q}(x)$，$Q(x)$ を x で微分した密度（頻度）分布 $q(x)$ で表される．これらの間には次式の関係があり，互いに換算できる．

$$Q(x) = \int_0^x q(x)\,\mathrm{d}x \tag{2.18}$$

$$\overline{q_i}(x) = \frac{Q(x_{i+1}) - Q(x_i)}{x_{i+1} - x_i} = \frac{\Delta Q_i(x)}{\Delta x_i} \tag{2.19}$$

$$q(x) = \frac{\mathrm{d}Q(x)}{\mathrm{d}x} \tag{2.20}$$

$Q(x)$，$\overline{q}(x)$，$q(x)$ は粒子径の範囲に応じて，粒子径は図 2.19，2.20 に示

第 2 章　粒子および粉体の基礎物性

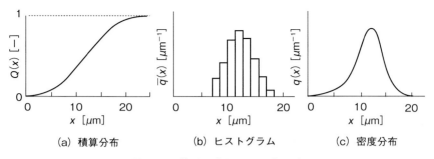

図 2.19　普通目盛りによる表示法

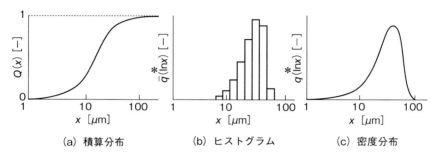

図 2.20　対数目盛りによる表示法

すように，普通目盛りあるいは対数目盛りで表される．普通目盛りの場合，$Q(x)$，$\bar{q}(x)$，$q(x)$ の次元はそれぞれ $[-]$，$[m^{-1}]$，$[m^{-1}]$ となる．対数目盛の場合，$Q(x)$，$\bar{q}(x)$，$q(x)$ は $Q^*(\ln x)$，$\bar{q}^*(\ln x)$，$q^*(\ln x)$ に改められ，次元は全て無次元となる．式 (2.18)〜(2.20) は次のようになる．

$$Q(x) = Q^*(\ln x) = \int_{-\infty}^{\ln x} q^*(\ln x)\, d\ln x = \frac{1}{x}\int_0^x q^*(\ln x)\, dx \quad (2.21)$$

$$\bar{q}_i^*(\ln x) = \frac{Q^*(\ln x_{i+1}) - Q^*(\ln x_i)}{\ln x_{i+1} - \ln x_i} = \frac{\Delta Q_i^*(\ln x)}{\ln(x_{i+1}/x_i)} \quad (2.22)$$

$$q^*(\ln x) = \frac{dQ^*(\ln x)}{d\ln x} = \frac{x\, dQ^*(\ln x)}{dx} \quad (2.23)$$

粒子の存在割合は，質量基準 $q_3(x)$ か個数基準 $q_0(x)$ で表されることがほとんどである。$q_0(x)$ から $q_3(x)$ への換算は，粒子の形を球と仮定し，密度

を ρ_p とすると次式で与えられる．

$$q_3(x) = \frac{q_0(x)\rho_p \frac{\pi}{6}x^3}{\int_0^\infty q_0(x)\rho_p \frac{\pi}{6}x^3 dx} = \frac{q_0(x)x^3}{\int_0^\infty q_0(x)x^3 dx} \quad (2.24)$$

質量基準と個数基準が一般的であるが，表面積基準，長さ基準の分布を使うこともある．質量（体積），面積，長さ，個数はそれぞれ粒子径の 3, 2, 1, 0 乗に比例するので，例えば積算分布ではそれぞれ Q_3, Q_2, Q_1, Q_0 と表し，一般には Q_r と表すことになっている．

粒子径分布を，何らかの分布関数で表すことができれば便利である．しかし，多種多様な粒子径分布を正確に表す簡単な分布関数は存在しないのが現実である．これまでに広く使われてきた主な分布関数を以下に示す．

対数正規分布（log-normal distribution）：数学的に最も基本となる分布関数は，正規分布（normal distribution）である．正規分布は平均値を中心にして左右対称な分布であるので，独立変数は負の値も取る．粒子径に負の値はないので，$\ln x$ の正規分布である対数正規分布式（2.25）が一般の粉体に用いられる．

$$Q(\ln x) = \frac{1}{\sqrt{2\pi}\ln\sigma_g}\int_{-\infty}^{\ln x}\exp\left\{-\frac{(\ln x - \ln x_{0.5})^2}{2\ln^2\sigma_g}\right\}d(\ln x) \quad (2.25)$$

ここで，$x_{0.5}$ は $Q(\ln x) = 0.5$ となる粒子径である．σ_g は幾何標準偏差と呼ばれ，$Q(\ln x) = 0.159$, 0.841 となる粒子径をそれぞれ $x_{0.159}$, $x_{0.841}$ とすると次式で与えられる．

$$\sigma_g = \frac{x_{0.841}}{x_{0.5}} = \frac{x_{0.5}}{x_{0.159}} \quad (2.26)$$

また，式（2.25）が直線として表示できる対数正規確率線図（図 2.21）があり，式（2.26）の幾何標準偏差をグラフ上から求めることができる．

また，次式によって測定データから算出できる．

$$\ln x_{0.5} = \frac{\Sigma(n_i \ln x_i)}{\Sigma n_i}, \quad \ln\sigma_g = \sqrt{\frac{\Sigma\{n_i(\ln x_i - \ln x_{0.5})^2\}}{\Sigma n_i - 1}} \quad (2.27)$$

第2章　粒子および粉体の基礎物性

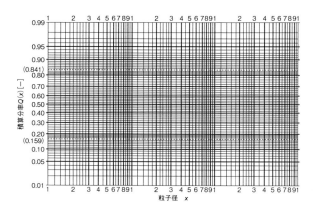

図2.21　対数正規確率線図

質量基準の粒子径分布が対数正規分布で表されると，個数基準の分布もまた対数正規分布となる．幾何標準偏差 σ_g はともに等しく，$Q_3(\ln x)=0.5$ の粒子径 $x_{M0.5}$，$Q_0(\ln x)=0.5$ の粒子径 $x_{N0.5}$ は，次式で関係づけられる．

$$x_{M0.5} = x_{N0.5} \exp(3\ln^2 \sigma_g) \tag{2.28}$$

また単位体積当たりの表面積である比表面積 S_v は次式から計算できる．

$$S_v = \frac{6}{x_{M0.5}} \exp\left(\frac{1}{2}\ln^2 \sigma_g\right) \tag{2.29}$$

ゴーダン・シューマン（Gaudin–Schuhmann）分布：次式で定義される分布式で，しばしば略して G–S 分布式と呼ばれる．

$$Q(x) = \left(\frac{x}{x_{\max}}\right)^m \tag{2.30}$$

m は分布指数，$x_{\max}$ は最大粒子径で粒度係数と呼ばれる．m の値が小さくなるほど分布の幅は広くなる．1に近い値を取る粉体が多い．式(2.30)は両対数紙上で直線となり，その勾配から m が求められ，$x_{\max}$ は $Q(x)=1$ となる値として求められる．

ロジン・ラムラー（Rosin–Rammler）分布：ロジンとラムラーは石炭などの粉砕産物（砕成物）の粒子径分布を広く調べ，分布関数として次式を提案し

2.2 粒子集合体の特性

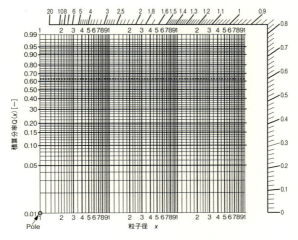

図 2.22 ロジン・ラムラー線図

た．式 (2.31) は単に R-R 分布式と呼ばれることもある．

$$Q(x) = 1 - \exp(-bx^n) = 1 - \exp\left\{-\left(\frac{x}{x_e}\right)^n\right\} \tag{2.31}$$

ここで，n は均等数，x_e は粒度特性数といい，$Q(x) = 0.632$ となる時の x の値である．また図 2.22 に式 (2.31) が直線として表示できるロジン・ラムラー線図を示したが，市販のワイブル確率紙を使うこともできる．ゴーダン・シューマン分布式とロジン・ラムラー分布式は，粉砕の推移を表すのに広く用いられている[20),21)]．

4) 分布を代表する粒子径

粒子径分布が影響を与える粉体現象を説明する場合，複雑な粒子径分布を用いる代わりにその分布を代表する粒子径を用いることがある．

積算分布が 0.5 となる粒子径 $x_{0.5}$ を 50% 径，メディアン径 (median diameter) あるいは中位径と呼び，広く用いられている．粉砕に要する仕事量を予測する場合には，粉砕前後の粒子径分布を代表する粒子径として 80% 径を用い[22)]，セメント工業などの製品管理に使われている[23)]．

第2章 粒子および粉体の基礎物性

また,密度分布の最大値を与える粒子径は,モード径(mode diameter)あるいは最頻度径と呼ばれる.

5) 平均粒子径 (mean particle diameter)

粒子径 x_1, x_2, x_3, ……, x_n の粒子がそれぞれ n_1, n_2, n_3, ……, n_n 個,総数で N 個ある時,算術平均径 $\overline{x_a}$,幾何平均径 $\overline{x_g}$,調和平均径 $\overline{x_h}$ の値はそれぞれ次式で与えられる.

$$算術平均;\overline{x_a} = \frac{n_1 x_1 + n_2 x_2 + n_3 x_3 + \cdots\cdots + n_n x_n}{N} = \sum_{i=1}^{n} \frac{n_i}{N} x_i \tag{2.32}$$

$$幾何平均;\log \overline{x_g} = \frac{n_1 \log x_1 + n_2 \log x_2 + n_3 \log x_3 + \cdots\cdots + n_n \log x_n}{N}$$

$$= \sum_{i=1}^{n} \frac{n_i}{N} \log x_i,$$

$$\therefore \overline{x_g} = (x_1^{n_1} x_2^{n_2} x_3^{n_3} \cdots\cdots x_n^{n_n})^{1/N} = \left(\prod_{i=1}^{n} x_i^{n_i} \right)^{1/N} \tag{2.33}$$

$$調和平均;\frac{1}{\overline{x_h}} = \frac{\dfrac{n_1}{x_1} + \dfrac{n_2}{x_2} + \dfrac{n_3}{x_3} + \cdots\cdots + \dfrac{n_n}{x_n}}{N} = \sum_{i=1}^{n} \frac{n_i}{N} \frac{1}{x_i},$$

$$\therefore \overline{x_h} = \frac{N}{\dfrac{n_1}{x_1} + \dfrac{n_2}{x_2} + \dfrac{n_3}{x_3} + \cdots\cdots + \dfrac{n_n}{x_n}} = \frac{1}{\sum_{i=1}^{n} \dfrac{n_i}{N} \dfrac{1}{x_i}} \tag{2.34}$$

粒子径 x_i の質量を w_i,全質量を W とすると,質量基準の平均粒子径は,式 (2.32)～式 (2.34) の n_i/N を質量 w_i/W で置き換えて与えられる.

粒子径 x の密度分布関数 $q_r(x)$ が与えられている場合,算術平均径,幾何平均径,調和平均径の値はそれぞれ次式で与えられる.

$$算術平均;\overline{x_a} = \int_0^\infty x q_r(x) \, \mathrm{d}x \tag{2.35}$$

2.2 粒子集合体の特性

幾何平均 ; $\log \overline{x_\mathrm{g}} = \int_0^\infty \log x \cdot q_\mathrm{r}(x) \mathrm{d}x,$

$$\therefore \overline{x_\mathrm{g}} = 10^{\int_0^\infty \log x \cdot q_\mathrm{r}(x) dx} \tag{2.36}$$

調和平均 ; $\dfrac{1}{\overline{x_\mathrm{h}}} = \int_0^\infty \dfrac{1}{x} q_\mathrm{r}(x) \mathrm{d}x,$

$$\therefore \overline{x_\mathrm{h}} = \dfrac{1}{\int_0^\infty \dfrac{1}{x} q_\mathrm{r}(x) \mathrm{d}x} \tag{2.37}$$

同じようにして，平均体積径，平均表面積径は次式で与えられる．

$$\text{平均体積径} ; \overline{x_\mathrm{v}^3} = \int_0^\infty x^3 q_\mathrm{r}(x) \mathrm{d}x \tag{2.38}$$

$$\text{平均表面積径} ; \overline{x_\mathrm{s}^2} = \int_0^\infty x^2 q_\mathrm{r}(x) \mathrm{d}x \tag{2.39}$$

したがって一般に，粒子径 x の密度分布関数が $q_\mathrm{r}(x)$ で表され，式 (2.35) 〜式 (2.39) の x, $\log x$, $1/x$, x^3, x^2 などを x の定義関数 $f(x)$ とすると，平均粒子径 $\overline{x}$ は次式で与えられる．

$$f(\overline{x}) = \int_0^\infty f(x) q_\mathrm{r}(x) \mathrm{d}x \tag{2.40}$$

【例題2.3】 ある粉体の粒子径分布を標準ふるいを用いて測定したところ以下の結果を得た．問に答えよ．

ふるい目開き [μm]	250	180	125	90	63	54	受皿
残留量 [g]	0	3.0	28.5	63.0	46.5	9.0	0

1) 粒子径を普通軸に取りヒストグラム表示せよ．
2) 粒子径を対数軸に取りヒストグラム表示せよ．
3) 粒子径を普通軸に取り積算分布を表示せよ．
4) 積算分布を対数正規確率線図上にプロットせよ．

第2章 粒子および粉体の基礎物性

5) 積算分布をロジン・ラムラー線図上にプロットせよ．
6) 積算分布を両対数紙上にプロットせよ．
7) 算術平均粒子径，幾何平均粒子径，調和平均粒子径を求めよ．

【解答】

実験結果から表2.3を作る．125〜180 μm の粒子径区間を例に取り計算式を示す．

$$区間中央値 = \frac{125+180}{2} = 152.5\,[\mu m]$$

$$\Delta Q_3 = \frac{28.5}{3.0+28.5+63.0+46.5+9.0} \times 100 = 19.0\,[\%]$$

$$Q_3 = 6.0+31.0+42.0+19.0 = 98.0\,[\%]$$

$$\overline{q_3} = \frac{19.0}{180-125} = 0.345\,[\%\cdot\mu m^{-1}]$$

$$\overline{q_3^*} = \frac{19.0}{\ln(180/125)} = 52.1\,[\%]$$

表2.3 粒子径解析結果

粒子径区間[μm]	区間中央値[μm]	ΔQ_3[%]	Q_3[%]	$\overline{q_3}$[%・μm^{-1}]	$\overline{q_3^*}$[%]
0〜54	27.0	0	0	—	—
54〜63	58.5	6.0	6.0	0.667	38.9
63〜90	76.5	31.0	37.0	1.148	86.9
90〜125	107.5	42.0	79.0	1.200	127.9
125〜180	152.5	19.0	98.0	0.345	52.1
180〜250	215.5	2.0	100	0.029	6.1

1) 図2.23に示す．
2) 図2.24に示す．
3) 図2.25に示す．
4) 図2.26に示す．
5) 図2.27に示す．
6) 図2.28に示す．

2.2 粒子集合体の特性

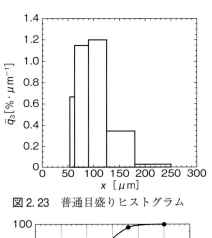

図2.23 普通目盛りヒストグラム

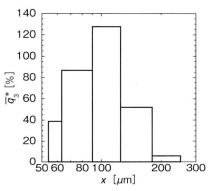

図2.24 対数目盛りヒストグラム

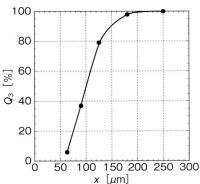

図2.25 普通目盛り積算分布

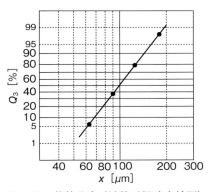

図2.26 積算分布（対数正規確率線図）

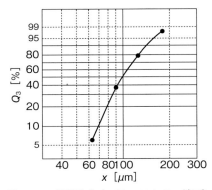

図2.27 精算分布（ロジン・ラムラー線図）

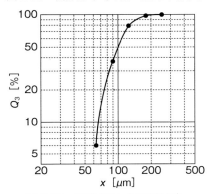

図2.28 積算分布（両対数紙）

7) 算術平均径:

$$\frac{6.0}{100}58.5 + \frac{31.0}{100}76.5 + \frac{42.0}{100}107.5 + \frac{19.0}{100}152.5 + \frac{2.0}{100}215.0 = 106\,[\mu\mathrm{m}]$$

幾何平均径:

$$(58.5)^{6/100}(76.5)^{31/100}(107.5)^{42/100}(152.5)^{19/100}(215.0)^{2/100} = 101\,[\mu\mathrm{m}]$$

調和平均径:

$$\cfrac{1}{\cfrac{6.0}{100}\cfrac{1}{58.5} + \cfrac{31.0}{100}\cfrac{1}{76.5} + \cfrac{42.0}{100}\cfrac{1}{107.5} + \cfrac{19.0}{100}\cfrac{1}{152.5} + \cfrac{2.0}{100}\cfrac{1}{215.0}}$$

$$= 96.9\,[\mu\mathrm{m}]$$

2.2.2 比表面積 (specific surface area)

粉体の表面が関与する現象としては界面反応,溶解,抽出,融解,粉体表面への吸着,物質や熱の移動がある.このような現象を扱う場合,粉体の細かさを表すには粒子径分布よりも比表面積を使うと便利である.

比表面積の定義には,単位体積当たりの表面積 $S_\mathrm{v}\,[\mathrm{m}^{-1}]$ と単位質量当たりの表面積 $S_\mathrm{m}\,[\mathrm{m}^2 \cdot \mathrm{kg}^{-1}]$ がある.一般には,体積に比べて質量の測定が簡単なため,質量基準の比表面積 S_m が使われることが多い.粒子密度 ρ_p によって,両比表面積は次式で関係づけられる.

$$S_\mathrm{v} = \rho_\mathrm{p} S_\mathrm{m} \tag{2.41}$$

粉体の粒子径分布がわかっている場合は,以下のようにして比表面積の計算もできる.粒子の密度を ρ_p とし,比表面積形状係数は Ψ で粒子径によらず一定とする.粒子径 x_i の粒子1個の質量基準の比表面積 $S_{\mathrm{m}i}$ は次式となる.

$$S_{\mathrm{m}i} = \frac{\Psi}{\rho_\mathrm{p}} \cdot \frac{1}{x_i} \tag{2.42}$$

いま,粒子径 x_i の区間幅を Δx_i,そのヒストグラムを $\overline{q_3}(x_i)$ とすると,粉体の比表面積 S_m は次式から算出できる.

2.2 粒子集合体の特性

$$S_m = \sum_{i=1}^{n} S_{mi} \overline{q_3}(x_i) \Delta x_i$$

$$= \frac{\Psi}{\rho_p} \sum_{i=1}^{n} \frac{\overline{q_3}(x_i) \Delta x_i}{x_i}$$

(2.43)

密度分布関数 $q_3(x)$ が与えられている場合は,次式となる.

$$S_m = \frac{\Psi}{\rho_p} \int_0^\infty \frac{q_3(x)}{x} dx$$

(2.44)

粉体の表面積の測定には,空気透過法,吸着法,浸漬熱法などがあるが,ここでは広く用いられている空気透過法と吸着法について述べる.

空気透過法:図 2.29 に示すように粉体を空間率 ε [-] で厚さ L [m] に

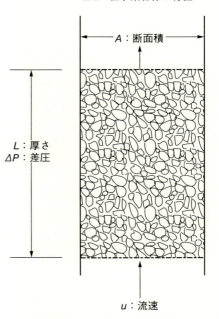

図 2.29 透過法による比表面積の測定

充填し,この粉体層に空気を透過する時,流速 u [m·s^{-1}] と圧力 ΔP [Pa] との関係は,体積基準の比表面積を S_v [m^{-1}] とすると次式のコゼニー・カルマン(Kozeny–Carman)式により求められる(5.2.3「粉体層の流体透過」(p.184)参照).

$$u = \frac{1}{5} \cdot \frac{\varepsilon^3}{(1-\varepsilon)^2} \cdot \frac{1}{S_v^2} \cdot \frac{\Delta P}{\mu L}$$

(2.45)

ここで,μ [Pa·s] は空気の粘度である.さらに,流速 u を粉体層の断面積 A [m^2],時間 t [s],透過した空気流量 Q [m^3] で表し,式 (2.41) の関係を代入すると,比表面積 S_m が求められる.

$$S_m = \frac{1}{\rho_p} \left\{ \frac{\varepsilon^3}{(1-\varepsilon)^2} \cdot \frac{\Delta P A t}{5 \mu L Q} \right\}^{1/2}$$

(2.46)

粒子が小さくなると粉体層の流路幅が気体分子の平均自由行程に近くなり,

第2章　粒子および粉体の基礎物性

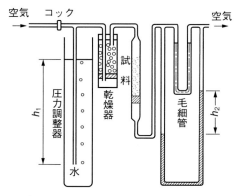

図2.30　空気透過法による測定装置（サブシーブサイザー）

空気が連続体と見なせなくなるため，コゼニー・カルマン式が成立しなくなる．そのため測定値に正確さを欠き，一般には粒子径が1 μm以上，比表面積が$10^3 \text{ m}^2 \cdot \text{kg}^{-1}$オーダー以下の測定に使われている．図2.30に代表的な装置例を示した．

【例題2.4】　直径2.5 cmで深さ2 cmの円筒に，粒子密度が$2.5 \times 10^3 \text{ kg} \cdot \text{m}^{-3}$の粉体を充填したところ空間率は0.389であった．この粉体層を100 cm³の空気（粘度：1.8×10^{-5} Pa·s）が透過するのに27 sを要した．ただし圧力損失は1.96 kPaであった．次の問に答えよ．

1) この粉体の比表面積はいくらか．
2) 粒子を球と仮定した時，比表面積径はいくらになるか

【解答】

$$A = \frac{\pi (2.5 \times 10^{-2})^2}{4} = 4.91 \times 10^{-4} \text{ [m}^2\text{]}$$

1) $S_\text{m} = \dfrac{1}{2.5 \times 10^3} \left\{ \dfrac{0.389^3}{(1-0.389)^2} \dfrac{1.96 \times 10^3 \times 4.91 \times 10^{-4} \times 27}{5 \times 1.8 \times 10^{-5} \times 2 \times 10^{-2} \times 100 \times 10^{-6}} \right\}^{1/2}$

$= 60.3 \text{ [m}^2 \cdot \text{kg}^{-1}\text{]}$

または，$S_\text{v} = 60.3 \times 2.5 \times 10^3 = 1.51 \times 10^5 \text{ [m}^{-1}\text{]}$

2.2 粒子集合体の特性

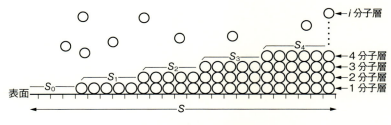

図2.31 B. E. T 多分子層吸着のモデル

2) $\quad x_s = \dfrac{6}{S_v} = \dfrac{6}{1.51 \times 10^5} = 3.98 \times 10^{-5}\,[\text{m}] = 39.8\,[\mu\text{m}]$

吸着法：粒子表面に大きさが既知の分子（N_2 ガスを用いることが多い）をその沸点温度で吸着させ，その吸着量から粉体の表面積を求める方法である．一般の粉体においては，多分子層吸着モデルのいわゆるB. E. T式（Brunauer, Emmett, Teller）が使われる．多分子層吸着モデルは図2.31に示すように，場所によって吸着分子層数が異なり，総吸着ガス量V [m³] とガス圧力P [Pa] との関係は次式となる[24]．

$$\frac{P}{V(P_0-P)} = \frac{1}{V_m C} + \frac{C-1}{V_m C} \cdot \frac{P}{P_0} \qquad (2.47)$$

ここで，P_0は吸着ガスの飽和蒸気圧，V_mは気体分子が粒子表面で単分子層を形成した時の吸着量，Cは定数である．式(2.47)の左辺をP/P_0に対してプロットすると直線となり，直線の勾配と切片からV_mと定数Cを求めることができる．式(2.47)はP/P_0が0.05〜0.35の範囲で成立する．このV_mを標準状態の体積V_Nに換算し，吸着ガス分子の専有面積をa [m²]（N_2では$0.162 \times 10^{-18}\,\text{m}^2 = 0.162\,\text{nm}^2$）とすると，$W$ [kg] の粉体試料の比表面積S_m [m²·kg⁻¹] は次式で与えられる．

$$S_m = \frac{1}{W} a N_A \frac{V_N}{22.4 \times 10^{-3}} \qquad (2.48)$$

ここで，N_Aはアボガドロ数（$6.02 \times 10^{23}\,\text{mol}^{-1}$）である．ガス吸着法は，単

位質量当たりの吸着面積が少ない大きい粒子では測定誤差が生じやすいため,おおよその目安として粒子径が$1\mu m$よりも小さい粉体,比表面積で10^3 $m^2 \cdot kg^{-1}$オーダーより大きな比表面積を持つ粉体の測定に使われる.

式（2.47）の定数Cは,窒素沸点での窒素,あるいはアルゴンの吸着の場合ではかなり大きな値となる.したがって,式（2.47）は$C \to \infty$の時近似的に次式となる.

$$\frac{P}{V(P_0-P)} = \frac{1}{V_m} \cdot \frac{P}{P_0} \tag{2.49}$$

式（2.49）から,1組のPとVの測定値よりV_mを算出することができる.このようにして測定する方法を一点法と呼ぶ.それに対して,複数組のデータから比表面積を求める方法を多点法と呼ぶ.

浸漬熱法は,粒子表面が液体に接触した時に発生する熱量から比表面積を測定する方法である.

【例題2.5】 1気圧下の液体窒素沸点（77 K）において窒素圧力を変えて,活性炭5.0 gに窒素を吸着させたところ以下の結果を得た.BET式を用いて活性炭の比表面積を求めよ.またBET一点法によっても計算し,3点法の測定結果と比較せよ.

窒素圧力 [kPa]	8.96	11.87	15.44
吸着量 [mL]	123	132.1	139.5

【解答】

多点法：

与えられた液体窒素の沸点は1気圧下での温度なので,飽和蒸気圧P_0は101.3 kPaとなり,式（4.27）を用いて以下の結果を得る.

P [kPa]	P/P_0 [−]	$P/\{V(P_0-P)\}$ [m^{-3}]
8.96	0.088	789
11.87	0.117	1004
15.44	0.152	1289

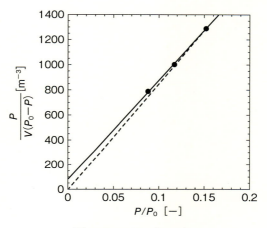

図2.32 BETプロット

計算結果を図2.32に図示し,y軸切片から$(V_mC)^{-1}=98\,\mathrm{m}^{-3}$,傾きから$(C-1)(V_mC)^{-1}=7891\,\mathrm{m}^{-3}$を読み取り,$V_m=1.26\times10^{-4}\,\mathrm{m}^3$を得る.したがって,標準状態での窒素吸着量は$V_N=1.26\times10^{-4}\times(273/77)=4.67\times10^{-4}\,\mathrm{m}^3$となる.

したがって,式(2.48)より

$$S_m = \frac{1}{5\times10^{-3}}\times 0.162\times10^{-18}\times 6.02\times10^{23}\times\frac{4.67\times10^{-4}}{22.4\times10^{-3}}$$

$$= 407\times10^3\,[\mathrm{m}^2\cdot\mathrm{kg}^{-1}]$$

を得る.

1点法:

一番大きな圧力$P=15.44\,\mathrm{kPa}$を選ぶと式(2.49)より$V_m=1.18\times10^{-4}\,\mathrm{m}^3$となるので,$V_N=4.18\times10^{-4}\,\mathrm{m}^3$を得る.したがって,多点法と同様にして$S_m=364\times10^3\,\mathrm{m}^2\cdot\mathrm{kg}^{-1}$を得る.

2.2.3 粒子充填構造

1) 規則充填とランダム充填

粒子充填構造は粉体層内で粒子がどのような幾何学的配列をしているかを表

第2章　粒子および粉体の基礎物性

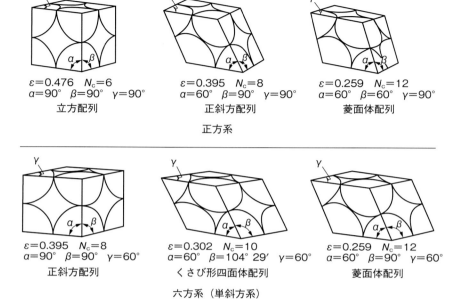

図2.33　均一球規則充填の代表的ユニットセル

すもので，規則充填（regular packing）とランダム充填（random packing）に大別される．規則充填は粒子が一定間隔で同様な配列を繰り返している場合で，その最小単位をユニットセルと呼ぶ．均一球の代表的な6種類のユニットセルを図2.33に示す[25]．規則充填では各粒子の位置や空間率，配位数などの値を幾何学的に計算できるが，特に微粒子の場合には，現実的に完全な規則充填構造を作ることは難しい．

図2.34に示したランダム充填の例では配列に方向性や周期性がなく，粒子配列が場所によって全て異なるのでユニットセルで表現することはできず，統計的な表現法が必要になる．また，規則充填とランダム充填が混在したり，両者の中間的な配列構造を取る場合があり，このような充填層については，規則充填とランダム充填を組み合わせて表現する必要がある．

2) 空間率

粉体層内の粒子間空間体積の比率を空間率 ε [-] (void fraction) と呼び，式 (2.50) から算出する．空間率は 0 ～1 の値を取り，密充填されるほど空間率の値は減少する．この空間率は最も簡単な充填構造表現法であるが，多数の粒子が集合した場合の平均的な値であり，個々の粒子の配列状態を表すことはできない．図 2.33 に示した均一球の規則充填の場合，空間率は立方

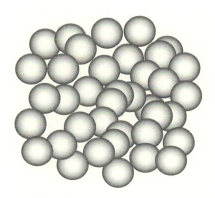

図 2.34 均一球ランダム配列の一例

配列で 0.476，正斜方配列で 0.395，くさび形四面体配列で 0.302，最密充填（菱面体配列）で 0.259 となることが幾何学的に求められる．なお，粒子内の細孔も含めた空間比率を空隙率 (porosity) と呼ぶ場合があるが，細孔のない粒子では空間率と一致する．

$$\varepsilon = 1 - \frac{\rho_b}{\rho_p} = 1 - \frac{M}{\rho_p V} \tag{2.50}$$

ここで，ρ_b [kg·m^{-3}] は後述する粉体層の見かけ密度，ρ_p [kg·m^{-3}] は粉体の粒子密度，M [kg] は充填された粉体質量，V [m^3] は粉体層の見かけ体積である．なお，充填状態を表すのに粉体層内の粒子体積比率を表す充填率 $1-\varepsilon$ (packing fraction) を用いることもある．また，粒子体積に対する空間体積の比を空間比 e [-] (void ratio) と呼ぶ．空間率 ε と e の間には次式が成立する．なお，粒子内の細孔も含めた空間比を空隙比と呼ぶ場合がある．

$$e = \frac{\varepsilon}{1-\varepsilon} \tag{2.51}$$

粒子充填層単位体積当たりの質量は，かさ密度 (bulk density) あるいは見かけ密度 ρ_b (apparent density) であり，粒子間の空間も含んだ密度なので，同じ粉体でも充填状態によって異なる値を示す．見かけ密度 ρ_b の測定は容器に充

第2章 粒子および粉体の基礎物性

填された粉体の質量を,容器の内容積で割って簡単に求められる.

式(2.50)で定義した空間率 ε を使えば,見かけ密度 ρ_b と粒子密度 ρ_p との間には次式が成立する.

$$\rho_b = (1-\varepsilon)\rho_p \tag{2.52}$$

この値を水の密度で割った値が見かけ比重(apparent specific gravity)である.見かけ密度の逆数が見かけ比容積(apparent specific volume)になる.このように粉体の充填性には様々な表現法があるが,全て空間率から換算できるので,以下では空間率について述べる.

空間率を測定するためには,粉体層の見かけ体積 V と質量 M を測定すればよい.空間率は粉体の充填方法によって変わるため,充填方法を規定しなければならない.粉体の疎充填方法としては,漏斗やふるいを通して充填する方法,二重管引き上げ法,逆転法などがある.密充填方法としては,タッピング法,振動法,ピストン加圧法,棒突き充填,遠心法などがある.

3) 空間率に対する粒子物性の影響

実際の粉体では,粒子の自重と粒子間付着力の関係から空間率は粒子径の影響を受ける.同じ条件で充填した粒子径のそろった粉体層の空間率 ε は,図2.35に示したように粉体の粒子径 x が限界粒子径 x_c 以上であれば,粒子径に

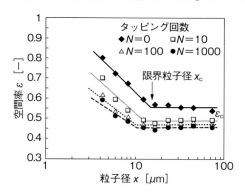

図2.35 空間率の粒子径依存性(フライアッシュのタッピング充填結果)

無関係に一定値 ε_c を示すが,それ以下では粒子径の減少とともに増加し,充填性が悪くなる.充填性に対する粒子径の影響が表れ始める限界粒子径は粉体の表面状態や密度,雰囲気などによって変わるが,一般に数十 μm～数 mm の範囲にある.ローラー（Roller）はこのような粒子径による充填性の違いを次の実験式にまとめた[26].

$$\varepsilon = \varepsilon_c \quad (x_c \leqq x) \tag{2.53}$$

$$\varepsilon = \frac{1}{1+\left(\dfrac{1}{\varepsilon_c}-1\right)\left(\dfrac{x}{x_c}\right)^n} \quad (x \leqq x_c) \tag{2.54}$$

式中の指数 n は,粉体の種類,雰囲気や充填方法によって異なり,一般に 0～1 の値を取る.

空間率に対する粒子径分布の影響については,分布を代表する粒子径が同じであれば,分布の幅が広くなるほど大粒子間の隙間に小粒子が入り込むようになり,密充填されて空間率は減少する傾向を示す[27].しかし,粉体によっては分布の幅が広すぎると限界粒子径以下の充填されにくい微粒子割合が増加するので,空間率は分布が広がるほど増加する場合もある[28].

空間率に対する粒子形状の影響については,球形に近い表面の滑らかな粒子ほど密充填する傾向がある.特に,粒子表面の凹凸が大きいと粒子間摩擦が増加し,流動性が悪化する[29]ので空間率が増大する.粒子表面の影響については,表面を疎水化すると付着性が低下し,充填性が向上して空間率が減少する[30].

4) 配位数

粒子充填層内の粒子 1 個の表面に存在する接触点の数を配位数（coordination number）と呼ぶ.配位数は周囲の粒子と何箇所で接触しているのかを表し,粉体層の伝熱,電気伝導,力学特性などを検討する際に重要である.図 2.33 に示した均一球の規則充填の場合にはユニットセルより立方配列で 6,正斜方配列で 8,くさび形四面体配列で 10,最密充填で 12 となることが幾何学的に求められる.

第2章　粒子および粉体の基礎物性

　図2.34に示したようなランダム充填の場合には，個々の粒子によって配位数が異なるので，配位数の平均値を用いる必要がある．均一球ランダム充填層の配位数N_cを空間率εから推定する式は，多くの研究者によって提案されている．その代表的なものを表2.3に示した．これらの式による計算結果を図2.36に示したが，いずれも空間率の増加とともに配位数が減少する傾向を示す．粒子配列構造の違いによって同じ空間率でも配位数は異なる値を示す場合があるので，配列構造に適合した推定式を用いなければならない[31]．

　配位数に対する粒子径分布の影響については，限界粒子径以下では50%粒子径が減少するほど配位数が減少する傾向を示す．一方50%粒子径は同じで粒子径分布の幅が広がる場合には，分布幅の広がりとともに空間率は減少するが，平均配位数はあまり変化しない．したがって空間率から配位数を推定する場合には，配位数が均一径の場合よりも少なくなることに注意する必要がある．すなわち，粒子径分布幅が広い場合には表2.3に示した均一球充填層に対する推定式から求めた値よりも配位数は少なくなる[32]．

表2.3　均一球充填層の配位数推定式

式	報告者	発表年
$N_c = 3.1/\varepsilon$ または π/ε ……………………………… (1)	Rumpf	(1958)
$N_c = 2e^{2.4(1-\varepsilon)}$ ……………………………………………… (2)	Meissner, et al.	(1964)
$\varepsilon = 1.072 - 0.1193 N_c + 0.00431 N_c^2$ ……………… (3)	Ridgeway, et al.	(1967)
$N_c = 22.47 - 39.39\varepsilon$ ……………………………………… (4)	Houghey, et al.	(1969)
$N_c = \{8\pi/(0.727^3 \times 3)\}(1-\varepsilon)^2$ …………………… (5)	長尾	(1978)
$N_c = 1.61\varepsilon^{-1.48}$ …………………… $(\varepsilon \leq 0.82)$ ⎤ (6) $N_c = 4.28 \times 10^{-3}\varepsilon^{-17.3} + 2$ ………… $(0.82 \leq \varepsilon)$ ⎦	中垣ら	(1968)
$N_c = 26.49 - 10.73/(1-\varepsilon)$ ………… $(\varepsilon \leq 0.595)$ (7)	Smith, et al.	(1929)
$N_c = 20.7(1-\varepsilon) - 4.35$ ……… $(0.3 < \varepsilon \leq 0.53)$ ⎤ (8) $N_c = 36(1-\varepsilon)/\pi$ ………………………… $(0.53 \leq \varepsilon)$ ⎦	後藤	(1978)
$N_c = \dfrac{2.812(1-\varepsilon)^{-1/3}}{(b/D_p)^2\{1+(b/D_p)^2\}}$ ……………………… (9) $(b/D_p) = 7.318 \times 10^{-2} + 2.193\varepsilon - 3.357\varepsilon^2 + 3.194\varepsilon^3$	鈴木ら	(1980)
$N_c = (32/13)(7-8\varepsilon)$ ……………………………………… (10)	大内山ら	(1980)

2.2 粒子集合体の特性

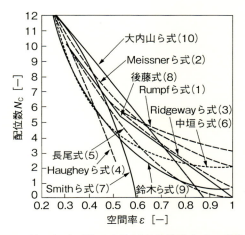

図2.36 均一径球形粒子充填層配位数推定式の計算結果
(図中の式番号は表2.3中の式番号である)

【例題2.6】 内径50 mm, 深さ50 mmの円筒容器に粒子密度2,500 kg·m^{-3}の粉体を入れて擦り切ったところ, 容器に充填された粉体は130 gであった. この粉体層の見かけ密度, 空間率, 空間比, 平均配位数を求めよ.

【解答】 容器の内容積は $\dfrac{\pi (50 \times 10^{-3})^3}{4} = 9.817 \times 10^{-5} [\text{m}^3]$

よって, $\rho_b = \dfrac{130 \times 10^{-3}}{9.817 \times 10^{-5}} = 1.32 \times 10^3 [\text{kg·m}^{-3}]$

式(2.52)より $1320 = 2500(1-\varepsilon)$, よって $\varepsilon = 0.472$. 式(2.51)から $e = 0.894$. 配位数は表2.3中のどの推定式を使うかによって値が異なるが, 例えばルンプの式を使えば6.57, スミスの式で6.17, 中垣らの式で4.89, 鈴木の式で4.84となる.

5) 固・液・気の3相充填構造

粉体層は固体粒子が充填され, 粒子間の空間が気体あるいは液体で満たされている場合が一般的である. しかし, 乾燥粉体に液体を加えた場合や粉体懸濁

第 2 章 粒子および粉体の基礎物性

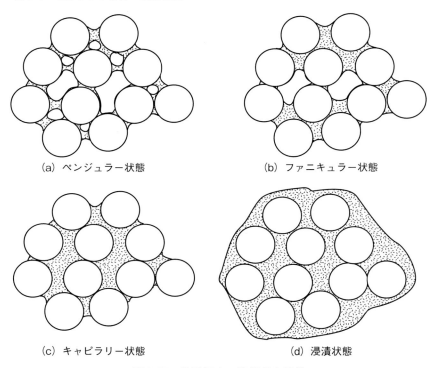

(a) ペンジュラー状態　　(b) ファニキュラー状態

(c) キャピラリー状態　　(d) 浸漬状態

図 2.37　粒子層内の液相存在状態

液を乾燥する過程などでは，粒子間の空間に気体と液体が両方存在する場合がある．このような湿った粒子充填状態は粒子間の液体割合の少ない方から順に，図 2.37 に示したような 4 種類に大別される．

　ペンジュラー状態（pendular state）：粒子間の接点付近に液橋として液体が存在する場合で，粒子間の気体は連続して，液体は各接点に孤立して存在する状態．この場合に，粒子間に存在する液橋によって生じる付着力すなわち液架橋力は 5.1「粒子間に働く力」（p.157）で述べる．

　ファニキュラー状態（funicular state）：粒子間の液体が連続して網目状に存在し，その間に気泡が孤立して点在する状態．

　キャピラリー状態（capillary state）：粒子間の全ての空間が液体で満たされ

2.2 粒子集合体の特性

た状態で粒子層表面にだけ気液界面が存在する状態.

浸漬状態（immersed state）：粒子群が全て液体中に浸っており，粒子が気体と接することがない状態.

粉体の付着や造粒，乾燥などを検討する際に，粉体層中の液体が上述のどの状態になっているのかを知る必要がある.

〈参考文献〉

1) 粉体工学会編：粉体工学用語辞典, P. 197, 日刊工業新聞社（2000）
2) 三輪茂雄：粉粒体工学, P. 66, 朝倉書店（1972）
3) Tsubaki, J. and G. Jimbo：*Powder Technology*, **22**, 161（1979）
4) Tsubaki, J. and G. Jimbo：*Powder Technology*, **22**, 171（1979）
5) Mandelbrot, B. B., 広中平祐監訳：フラクタル幾何学, 日経サイエンス社（1984）
6) 鈴木道隆, 六車嘉貢, 廣田満昭, 大島敏男：粉体工学会誌, **25**, 287（1988）
7) 松下貢他：かたちの科学, 朝倉書店（1987）
8) 鈴木道隆, 山田真輔, 加composite博之, 廣田満昭, 大島敏男：粉体工学会誌, **34**, 1（1997）
9) 粉体工学会編：粉体工学便覧—第2版—, 日刊工業新聞社, P. 38, 39（1998）
10) 粉体工学会編：粒子径計測技術, 日刊工業新聞社（1994）
11) 椿淳一郎, 早川修：—現場で役立つ—粒子径測定技術, 日刊工業新聞社（2001）
12) 神田良照, 安部保志, 細矢豊秀：粉体工学会誌, **24**, 81（1987）
13) 三輪茂雄：ふるい分け読本, P. 256, 産業技術センター（1977）
14) 早川修, 中平兼司, 椿淳一郎：粉体工学会誌, **30**, 652（1993）
15) 早川修, 安田佳弘, 内藤牧男, 椿淳一郎：粉体工学会誌, **32**, 796（1995）
16) 椿淳一郎, 森英利, 杉本理充, 前田俊介, 早川修：粉体工学会誌, **35**, 346（1998）
17) 小竹直哉, 本間裕介, 戸井田直之, 望月隆裕, 岡一郎, 神田良照, 田口仁：素材物性学雑誌, **13**, 13（2000）
18) 岩田博行, 大矢仁史, 遠藤茂寿, 古屋仲茂樹, 増田薫：粉体工学会誌, **37**, 238（2000）
19) 山本健市, 井上友景, 宮嶋俊明, 土山武範, 杉本益規：粉体工学会誌, **37**, 862（2000）
20) 中条金兵衛：化学工学と化学機械, **7**, 1（1949）
21) Charls, R. L：*Transactions of the American Institute of Mining, Metallurgical and Petroleum Engineers*, **208**, 80（1957）
22) Bond, F. C.：*Transactions of the American Institute of Mining and Metallurgical Engineers*, **193**, 484（1952）
23) 伊藤光弘：粉体工学会誌, **33**, 420（1996）
24) 粉体工学会編：粒子径計測技術, p. 236, 日刊工業新聞社（1994）

第2章　粒子および粉体の基礎物性

25) 八嶋三郎：粉砕と粉体物性, p. 205, 培風館 (1986)
26) Roller, P. S.: *Industrial and Engineering Chemistry*, **22**, 1206 (1930)
27) 鈴木道隆, 市場久貴, 長谷川勇, 大島敏男：化学工学論文集, **11**, 438 (1985)
28) 鈴木道隆, 大島敏男：粉体工学会誌, **22**, 612 (1985)
29) 大島敏男, 張　祐林, 廣田満昭, 鈴木道隆, 中川　武：粉体工学会誌, **30**, 496 (1993)
30) 鈴木道隆, 小林正佳, 飯村健次, 廣田満昭：粉体工学会誌, **38**, 468 (2001)
31) 鈴木道隆, 大島敏男：粉体工学会誌, **25**, 204 (1988)
32) Suzuki. M, H. Kada and M. Hirota: *Advanced Powder Technology*, **10**, 353 (1999)

第3章 粉体の生成

粉体を原料として,また製品として使うためには,目的・用途に応じた特性を持つ粉体を製造しなければならない.本章では,3.1で粉砕法と成長法の2つの粒子生成機構について述べ,3.2で粉体の製造操作である粉砕と造粒および調製操作である混合・混練について述べる.

3.1 粒子の生成機構

粉体の生成方法は,固体に機械的なエネルギーを加えて細分化する粉砕法と,原子,分子の集合体を合体,成長させていく成長法とに大別される.粉砕法と成長法は,それぞれブレイクダウン(break down)法,ビルドアップ(build up)法とも呼ばれる.前者の長所は,粉体の生成プロセスが単純,多量の処理が可能,製造コストが低いなどであり,後者の長所は,超微粒子の製造が可能,新しい材料の開発が期待できる,粒子径分布が狭く単分散に近い粉体が得られる,粒子形状の制御が可能であり,不純物の混入が少なく組成の制御ができるなどである.

3.1.1 単一粒子の破砕

破砕,粉砕は固体原料(ここでは以下砕料と呼ぶ)に外部から機械的エネルギーを加えて破壊し,砕料を細分化する操作である.しかし,粉砕操作に含まれている破壊過程には静的,動的,衝撃荷重下の全てがあり一様ではない.また,荷重の加わり方も,圧縮,引張,剪断,曲げ,ねじり,摩擦作用など全て

表3.1 岩石，ぜい性材料の強度

試　料	圧縮強度 [MPa]	引張強度 [MPa]	剪断強度 [MPa]
花　崗　岩	98～244	6.86～24.5	13.7 ～49.0
粗粒玄武岩	196～343	14.7 ～34.3	24.5 ～58.8
玄　武　岩	147～294	9.80～29.4	19.6 ～58.8
砂　　　岩	19.6～167	3.92～24.5	7.84～39.2
頁　　　岩	9.8～98	1.96～ 9.8	2.94～29.4
石　灰　岩	29.4～245	4.9 ～24.5	9.8 ～49
珪　　　岩	147～294	9.8 ～29.4	19.6 ～58.8
大　理　石	98～245	6.86～19.6	14.7 ～29.4
石英ガラス	515	—	—
ホウケイ酸ガラス	343	—	97.3
石　　　英	146	—	54.8
長　　　石	136	—	50
石　灰　石	95.7	—	17.9
大　理　石	48.8	—	11.1
石　　　膏	30.4	—	7.94
滑　　　石	17.9	—	6.00

の様式が混在し粉砕は複雑に進行していく．このようなことから粉体の粉砕過程を理解するためには，まず単一粒子の破砕現象を理解する必要がある．

破砕は外見的には単純な現象であるが，その機構は図3.1[1]に示すようにいくつかに分類される．破砕を起こす力には，垂直力として引張力と圧縮力，接線力として剪断力があり，破壊に必要な力を作用した断面積で割り，その値をそれぞれ圧縮強度，引張強度，剪断強度と呼んでいる．岩石，ガラスの強度の測定例を表3.1に示す[2),3)]．

1) 球の圧壊強度

表3.1の値からわかるように，引張強度は他の2つの強度に比べて小さく，粉砕に対して支配的な因子である[4)]．引張強度は円柱試験片を用いて測定すべきであるが，円柱では試験片の作製精度が測定値に影響するため，球形試験片を平行平板で圧壊し，次式から算出される球圧壊強度 S_s [Pa] を用いることもある[5)]．

3.1 粒子の生成機構

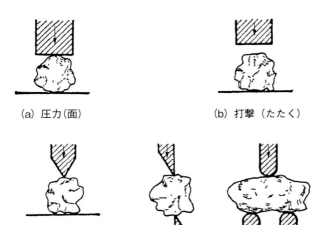

(a) 圧力(面)

(b) 打撃（たたく）

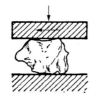

(c) 圧力(線，点)(切る，折る)

(d) 剪断力（すりつぶし，こする）

(e) 反発（ぶつける）10〜200m·s^{-1}(Impact)

図 3.1 単一粒子の破砕モデル

$$S_{\mathrm{s}} = \frac{2.8P}{\pi x^2} \tag{3.1}$$

ここで，P [N] は破壊時の圧縮力，x [m] は球の直径である．表3.2に岩石，ガラスの球圧壊強度の測定例を示す[2]．不規則形状粒子に式 (3.1) を適用する場合は，式中の x は載荷点間の距離とする[5),6)]．

表3.2 球圧壊強度

試　　料	球 圧 壊 強 度	
	平均値 [MPa]	変動係数 [％]
石英ガラス	27	24.0
ホウケイ酸ガラス	45.1	32.3
ソーダガラス	31.4	25.7
石　　英	11.4	16.3
長　　石	9.75	38.0
石　灰　石	4.15	27.9
大　理　石	2.48	25.7
石　　膏	2.42	26.7
滑　　石	1.05	39.5

2) 理想的強度

材料が完全に均一であって全く欠陥を含まない場合の強度を，その材料の理想的（理論的）強度という．これは原子間あるいは分子間結合力に相当する強さである．原子相互間には，図3.2に示すように引力と反発力が作用し合い，それらは原子間距離によって変化する．このようにして原子間の距離がある値 a（格子定数）のところで平衡を保っている．理想的強度は，この平衡を破る強度であり，以下のようにして求められる．

図3.2において，原子を l [m] だけ引き離すには，引力と反発力の合成力に相当する引張応力が必要になる．この合成力曲線は式 (3.2) の正弦曲線で近似されている．

$$\sigma = \sigma_{\mathrm{th}} \sin\left(\frac{2\pi l}{\lambda}\right) \tag{3.2}$$

3.1 粒子の生成機構

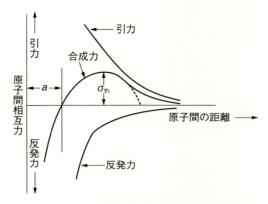

図3.2 原子間の距離と原子間相互力

ここで，λ [m] は波長，σ_{th} [Pa] は理想的強度である．したがって，破壊までに要する単位面積当たりの最小仕事量 W [J·m^{-2}] は次式となる．

$$W = \int_0^{\lambda/2} \sigma_{th} \sin \frac{2\pi l}{\lambda} \, dl = \frac{\lambda}{\pi} \sigma_{th} \tag{3.3}$$

この仕事量が破壊で生ずる新しい面を作るためのエネルギーに等しいものとし，γ [J·m^{-2}] を表面エネルギーとすると次式が成立する．

$$\frac{\lambda}{\pi} \sigma_{th} = 2\gamma \tag{3.4}$$

σ_{th} は以下のようにして，測定可能な物性値より求められる．原子を l だけ引き離す場合，フック（Hooke）の法則が適用できるとすると

$$\sigma = Y \frac{l}{a} \tag{3.5}$$

が成立する．Y [Pa] はヤング率である．式 (3.2) は，$(2\pi l)/\lambda$ の値が小さい原点付近では次式で近似できる．

$$\sigma \fallingdotseq \sigma_{th} \frac{2\pi l}{\lambda} \tag{3.6}$$

が成立するから，これを式 (3.5) に代入すると

$$\sigma_{th} = Y \frac{\lambda}{2\pi a} \tag{3.7}$$

となり，式 (3.4)，(3.7) から λ を消去して

$$\sigma_{th} = \left(\frac{\gamma Y}{a}\right)^{1/2} \tag{3.8}$$

が導かれる．

式 (3.8) から計算される理想的強度と同一物質の実測強度を表3.3[7]に示した．多くの材料は，変形（原子間距離の変位／格子定数）が 10～20% に達した時に破壊が起こる．おおよその目安として理想的強度は，ヤング率 Y の 10% として概算されている[8]．

$$\sigma_{th} \fallingdotseq 0.1Y \tag{3.9}$$

表3.3 理想的強度と実測強度

物　質	理想的強度 [GPa]	実測強度 [MPa]	理想/実測 [－]
ダイヤモンド	200	～1800	111
グラファイト	1.4	～15	93
タングステン	86	3000（引き伸ばしによる硬い針金）	29
鉄	40	2000（高張力用鋼製針金）	20
酸化マグネシウム	37	100	370
食塩	4.3	～10（多結晶状試料）	430
石英ガラス	16	50（普通の試料）	320

3）実測強度

表3.3に示したように，実測強度は理想的強度の数十分の1から数百分の1になっている．これを説明するのには，原子間あるいは分子間に何らかの弱い結合の部分が存在しなければならない．グリフィス[9]（Griffith）は結晶転移，不純物混入など強度低下をもたらす全ての要因を，微小クラックとしてモデル化した．実際の破壊は，理想的強度に達する前に，このクラックがある限界応力に達することによって起こると考えた．このクラックは，一般にグリフィス・クラックと呼ばれている．

3.1 粒子の生成機構

グリフィス（Griffith）は理想強度と実測強度の相違は，材料に存在するクラック（亀裂）によるものであると考えた．いま図3.3に示すように，単位厚さの平板中に大きさが $2C$ なる極めて小さい扁平楕円形のクラックを持つ場合を考える．この試験片を応力 σ で一様に引張る時，クラックの部分では応力が伝搬しないので，弾性ひずみエネルギーはその分減少する．この減少分は，平板中の応力分布を仮定して計算より次式のように求められている．

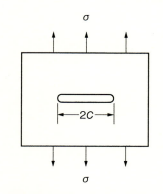

図3.3 グリフィス・クラック
（σ＝応力，$2C$＝クラックの大きさ）

$$U = -\frac{\pi C^2 \sigma^2}{Y} \tag{3.10}$$

また，大きさが $2C$ なるクラックの単位厚さ当たりの表面エネルギーは，γ を表面エネルギーとすると次式で表される．

$$W = 4\gamma C \tag{3.11}$$

ここでクラックがさらに dC だけ進展する場合を考える．クラックの進展により解放される（減少する）弾性ひずみエネルギー $-dU$ が，クラック進展により増加する表面エネルギー dW に等しいか上回ればクラックは進展することができるが，下回ればクラックは進展できない．したがってクラックがさらに進展するのは次の条件式を満足する場合である．

$$\frac{dU}{dC} + \frac{dW}{dC} < 0 \tag{3.12}$$

式（3.10），（3.11）を式（3.12）に代入し整理すると，クラックの進展条件は次式となる．

$$\frac{\pi C \sigma^2}{Y} > 2\gamma \tag{3.13}$$

材料中に式 (3.13) を満足するクラックが1個でもあれば、そこを起点としてクラックは進展し破壊に至るので、材料の破壊強度は材料中の最大クラック寸法 $2C_{max}$ により決定され、次式で表される．

$$\sigma_{ex} = \left(\frac{2\gamma Y}{\pi C_{max}} \right)^{1/2} \tag{3.14}$$

4) 破壊靭性値

式 (3.14) より，応力 σ で引張られている材料は，$\sigma\sqrt{\pi C_{max}}$ が材料の物性値で決まる $\sqrt{2\gamma Y}$ より大きくなる時に破壊することがわかる．そこで，$\sqrt{2\gamma Y}$ は破壊靭性値 (fracture toughness) K_c [Pa・m$^{-1/2}$] と呼ばれ，$\sigma\sqrt{\pi C_{max}}$ は応力拡大係数 K [Pa・m$^{-1/2}$] と呼ばれている．破壊靭性値と応力拡大係数を使うと破壊条件は次式で与えられる[10]．

$$K > K_c \tag{3.15}$$

5) 強度のばらつきと寸法効果

実測強度を説明した式 (3.14) からわかるように，破壊は材料内の微視的な欠陥の影響を大きく受ける．このような性質を組織敏感性と呼んでいる．

表 3.2 に直径 20 mm の球を平行平板で圧壊した時の強度の平均値と変動係数，(標準偏差/平均値) × 100 をそれぞれ示した．このようなばらつきは強度そのものの本質であると理解されている．すなわち材料強度は決して一定の物性値ではなく，本質的には確率的な値で，そのばらつき，すなわち，分布の広がりも材料に固有の物性と考えられている[11]．

強度は試験片の体積が小さくなると，図 3.4 に示すように増大する．これを強度の寸法効果と呼ぶ．これらの原因は，前述したグリフィス・クラックの存在である．グリフィスは，このクラックの数が極めて多く，大きさ，形，方向など強度に影響する要因は全て独立な分布をしていると仮定した．試験片の強度は，式 (3.14) に示したように試験片内に含まれているクラックの内で最も弱い (大きい) クラックの強度によって決まる．このような問題は数学的には，

3.1 粒子の生成機構

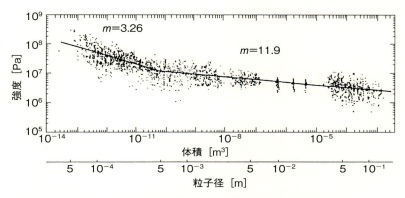

図 3.4 球の強度と球体積（粒子径）の関係（石灰石）

強度に影響するクラックの大きさ C が分布を持つ十分大きな試料から一定体積の試験片をサンプリングし，その中に含まれるクラックの最大値の分布を調べることを意味している．

サンプリングした試験片内のクラックの数は，試験片体積に比例すると仮定する．また，クラックの大きさの分布は次式のワイブル（Weibull）分布で表されるものと仮定する．

$$f(C) = \alpha m C^{m-1} \exp(-\alpha C^m) \tag{3.16}$$

ここで，$\alpha>0$，$m>1$ で，共に材料によって決まる定数である．m はワイブルの均一性係数と呼ばれている．この 2 つの仮定から強度の寸法効果を確率論的に考察し，強度 S_s と試験片体積 V の関係として導かれたのが次式である[12]．

$$S_s \propto V^{-1/m} \tag{3.17}$$

式（3.16）の定義から $m>1$ であるので，上式の強度 S_s は試験片体積の減少とともに大きくなることを示している．石灰石について式（3.17）の関係を図 3.4 に示す[13]．粒子径が 0.1 mm の粒子の強度は 100 mm の場合に比べて強度が約 10 倍になっている．

【例題 3.1】 ワイブルの均一性係数が $m=8.5$ の材料がある．同一材料の粒子

径が $10\,\mu\mathrm{m}$ の粒子の強度は,粒子径が $1\,\mathrm{cm}$ の粒子の何倍になるか.

【解答】 式(3.17)において,粒子の体積 V は,粒子径 x の3乗に比例するので,$S_\mathrm{s} \propto x^{-3/m}$ が成立する.よって $\dfrac{S_\mathrm{s}(10\,\mu\mathrm{m})}{S_\mathrm{s}(1\,\mathrm{cm})} = \left(\dfrac{0.001}{1}\right)^{-3/8.5} = 11.45$ で,約 11.5 倍となる.

6) 単一粒子の破砕エネルギー

粉砕を単純に粒子1個の破砕(破壊)の集積と考えることはできないが,粉砕は基本的には固体の破壊の繰り返しであるため,単一粒子の破砕は粉砕の基本となる.

図 3.5 に示すように直径(粒子径)が x の球を平行平板で圧壊する場合,破壊までに単位質量当たりに蓄えられる弾性ひずみエネルギー E/M [J・kg^{-1}]は次式となる[14].

$$\frac{E}{M} = \frac{0.897\,\pi^{2/3}}{\rho_\mathrm{p}} \left(\frac{1-\nu}{Y}\right)^{2/3} S_\mathrm{s}^{5/3} \qquad (3.18)$$

ここで,ρ_p [kg・m^{-3}] は粒子密度,ν [-] はポアソン比,Y [Pa] はヤング率,S_s [Pa] は式(3.1)に示した球圧壊強度である.式(3.18)の関係を実験的に確かめた結果を石英および大理石について図 3.6 に,石灰石について図 3.7 に示す[14].図中の実線は式(3.18)に対応する.図 3.6 において石英は実験値と計算値がほぼ等しく弾性体に近い砕料である.一方,大理石および石灰石は塑性的性質を持ち,変位量が大きくなるため,実験値が計算値よりも大きくなっている.

式(3.17)を式(3.18)に代入すると粒子径 x の粒子1個の破砕エネルギー E と,単位質量当たりの破砕エネルギー E/M を導くことができ,それぞれ次式となる[14].

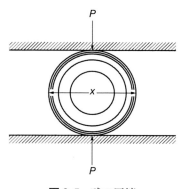

図 3.5 球の圧壊

3.1 粒子の生成機構

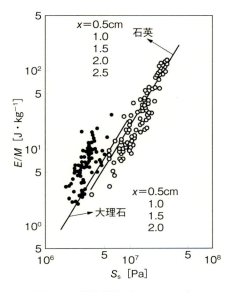

図3.6 単位質量当たりのエネルギーと強度の関係

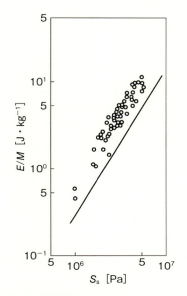

図3.7 単位質量当たりのエネルギーと強度の関係（直径20 mmの石灰石の球）

$$E \propto x^{3-5/m} \qquad (3.19)$$

$$\frac{E}{M} \propto x^{-5/m} \qquad (3.20)$$

石英と石灰石の m の実測値を用い，式(3.19)，(3.20)の関係を図3.8に示した．図から明らかなように，粒子径 x が小さくなるとともに，単位質量の粒子集合体を粉砕するエネルギー E/M は増大するが，粒子1個を破砕するエネルギー E は減少する．このことは，粉砕下限をナノメーターオーダーまで広げる上で，3.2.1「粉砕」で述べる超微粉砕機の開発に重要な示唆を与えている．

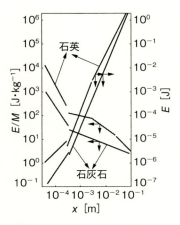

図3.8 破砕エネルギーと粒子径の関係

59

7）破砕粒子の粒子径分布

破砕片の大きさ，すなわち砕成物の粒子径分布は砕料の粉砕性の評価，粉砕速度論において重要な因子である．式（2.25）および式（2.30），（2.31）に示した粒子径分布式は数学的なモデルあるいは実験式である．1960年代に入り材料強度学と統計学的立場から，単一粒子破砕の粒子径分布の予測が行われてきた．

ギルバリー（Gilvarry）は[15]，ミクロな欠陥が外力によって活性化されてマクロなクラックに成長し，破壊が開始するとしたグリフィスの考えを基に，外部応力によって活性化される欠陥の存在確率をポアソン分布で与え，積算分布 $Q(x)$ を次式のように導いた．

$$Q(x) = 1 - e^{-x/k} \tag{3.21}$$

これは式（2.31）のロジン・ラムラー分布式の $n=1$ の場合に相当する．さらに式（3.21）を級数展開して x^2 以上の高次項を省略すると

$$Q(x) = \frac{x}{k} \tag{3.22}$$

となり，これは式（2.30）のゴーダン・シューマン分布式の $m=1$ の場合に相当する．

ゴーダンとメロイ（Gaudin–Meloy）[17]は，粒子径 x_0 の粒子が破砕された時，破壊面はこの粒子径を表す任意の線分 x_0 を通ると仮定した．破壊面の数を n とし，各破壊面間の距離 x が破壊によって生じた粒子径を表すとして次式の粒子径分布式を提案した．

$$Q(x) = 1 - \left(1 - \frac{x}{x_0}\right)^n \tag{3.23}$$

また，クリンペルとオースチン（Klimpel–Austin）[18]，ハリス（Harris）[19]は式（3.22）に補正を加えているが，式中の x_0 や n を実験から直接求められないという問題を含んでいる．

3.1.2 成長法

破砕,粉砕法とは逆に,原子・分子の集合・合体によりモノマー(単量体;集合・合体の反復単位)を生成し,微粒子を生成させる方法である.粒子は気相,液相,固相のいずれの相からも生成することができ,その生成機構は相によらず共通している[21].すなわち,図3.9[22]に示すように,相中のモノマーの相対濃度が,臨界過飽和度を超えるとモノマー同士の衝突によって核の生成が始まり,粒子の個数は急激に増大する.図3.9はラメール(LaMer)図と呼ばれている.相中のモノマー濃度は核の生成によって低下するため,核の生成は止まり粒子は成長し,粒子の個数濃度は一定のまま質量濃度が増大していく.原子,分子の拡散する速さは固相,液相,気相の順に増大するので,粒子の成長速度もこの順番となる.粒子の成長が速すぎると,核発生や成長過程の制御が難しく,逆に遅いと制御は容易になるが,生産性は低下する.

1) 気相からの生成

気相からの生成は,化学反応の有無により蒸発凝縮法と気相反応法に分けら

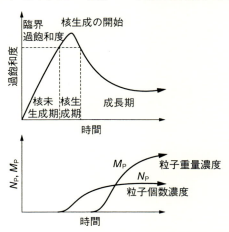

図3.9 核生成および成長における溶質分子の過飽和度,粒子濃度の経時変化(ラメール図)

れる．蒸発凝縮法は PVD（Physical Vapor Deposition）法とも呼ばれ，高温加熱によって発生した過飽和の金属蒸気を冷却して核を生成させ，粒子まで成長させる方法で，金属微粒子の製造に適している．金属は，抵抗加熱，高周波誘導加熱，プラズマ，電子ビーム，レーザーなどにより加熱蒸発される．

気相反応法は CVD（Chemical Vapor Deposition）法とも呼ばれ，出発原料，反応の雰囲気・条件を変えることにより，酸化，還元，熱分解，置換，交換反応を利用して，金属酸化物に限らず，窒化物，炭化物，ホウ化物など様々な微粒子を生成することができる．気相反応法も熱源により，電気炉法，化学炎法，プラズマ法，レーザー法に分けられる．墨の原料であるすすの伝統的な製法は，化学炎法に分類される．また，光ファイバーの原料となる高純度 SiO_2 の超微粒子も，四塩化ケイ素ガスを原料として，化学炎法により次の反応で製造されている．

$$SiCl_4 + O_2 + 2H_2 \rightarrow SiO_2 + 4HCl$$

2) 液相からの生成

出発原料に金属塩溶液を用いる方法で，モノマーの濃度を上げる方法によって，沈殿法と脱溶媒法に大別される．

沈殿法は，沈殿剤の添加や加水分解，溶液温度の制御などによってモノマーの濃度を過飽和状態まで高め，沈殿粒子を析出させる．沈殿物は水酸化物，炭酸塩，硫酸塩などであり，これらを熱分解して酸化物粒子を得る．沈殿剤を使う方法には，均一沈殿法と共沈法がある．塩溶液に沈殿剤溶液を混合する時，2つの溶液界面から沈殿が起こるため，局所的に不均一を生じる．均一沈殿法はこれを防ぐ方法であり，たとえば pH の上昇によって沈殿物を得る場合には，塩溶液に尿素を均一に溶解させたのち加熱すれば，尿素の加熱分解で生じるアンモニアによって溶液中の pH を均一に調整することができる．

共沈法は，複数の金属イオンを含む溶液から，同時に金属イオンを沈殿させる方法である．金属イオンの析出条件が同じであれば，溶液中の金属イオン濃度により，粒子の組成比を原子オーダーで制御することができる．

3.1 粒子の生成機構

　加水分解法は金属アルコキシド法とも呼ばれる．金属アルコキシドは，アルコール HOR (R はアルキル基で，$-$OR はアルコキシド基) の水素 H を金属 M に置き換えた組成で，$M(OR)_n$ と記される．多くの金属元素はアルコキシドを作ることができる．最も代表的なアルコキシドのテトラエトキシドは，次式のように加水分解される．

$$Si(OC_2H_5)_4 + xH_2O \rightarrow Si(OH)_x(OC_2H_5)_{4-x} + xC_2H_5OH \quad (3.24)$$

さらに OH 基を含む分子同士から H_2O が取れて，Si が O を介してつながったシロキサン結合 $-\overset{|}{Si}-O-\overset{|}{Si}-$ が生成し，分子は重縮合し粒子は成長する．加水分解速度が早く，ほとんどの OC_2H_5 基が OH 基に置換したのちに重縮合反応が始まると，Si を中心に4方向に重縮合が可能であるため，粒子は球状に成長する．逆に，加水分解速度が遅ければ重縮合方向は制限され，粒子はひも状に成長する．このように加水分解法では，加水分解速度と重縮合反応速度を制御することにより，粒子の形を制御することも可能である．

　溶液温度を下げて粒子を析出させる方法は晶析と呼ばれ，粒子生成だけでなく，目的成分の精製分離に用いられる．粒子の成長速度は溶液の組成によって異なる．また，成長速度の組成依存性は結晶面によって異なるため，析出時の溶液組成を制御することにより，図 3.10 のように組成も結晶構造も同じで，形の異なる粒子を生成することができる[23]．

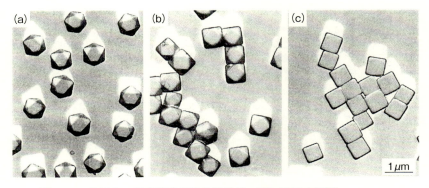

図 3.10　晶析時の臭素濃度が臭化銀粒子の形に及ぼす影響
　　　　((a)pBr=2.0, (b)pBr=2.8, (c)pBr=4.0, pBr=$-\log[B_r^-]$)

第3章　粉体の生成

　脱溶媒法は，溶媒を何らかの方法で除去して粒子を析出させる方法である．溶媒は加熱蒸発，真空蒸発，溶媒抽出によって除去される．加熱蒸発法の一種である噴霧熱分解法は，Y–Ba–Cu–O系超伝導材料のように複雑な組成でも，各金属の硝酸塩水溶液から短時間に簡単な処理で粒子を得ることができるため[24]，工業的に有用な粒子生成法である．

3）固相からの生成[25]

　ガラスのようなアモルファス（非晶体）固相から，結晶微粒子を生成する方法で，結晶微粒子をガラス中に分散析出させることにより，材料に光学的機能や耐熱性を付与することができる．たとえば，AgCl微粒子を分散析出させたガラスは，光の強度に応じて光透過率が変化するめがね用ガラスとして実用化されている．

【例題3.2】 いま蒸発凝縮法もしくは沈殿法により粒子を生成している．図3.9を参考にして次の問に答えよ．
　1）冷却速度が粒子生成に及ぼす影響について考察せよ．
　2）冷却前にあらかじめ粒子（種粒子）を入れておくとどうなるか考察せよ．
【解答】
　1）一気に冷却すると，至るところで核が発生しモノマーは核生成に費やされるため粒子は成長できず，小さな粒子が多数生成する．それに対してゆっくり冷却すると核は徐々にしか発生しないため，モノマー濃度はそれほど低下せず，モノマーは発生した核と衝突して核を成長させる．その結果，核は大きな粒子まで成長するが，モノマーは粒子の成長に消費されるため，発生する核の数は少なくなる．
　2）冷却によってモノマーは種粒子と衝突しやすいため，核を生成するよりも種粒子を成長させるのに費やされるので，大きな粒子が得られる．たとえば，人工降雨ではAgIの超微粒子が種粒子として使われている．

3.2 粒子集合体の生成および調製

　粉体を大量に生成する主要な技術は粉砕である．成長法によっても粒子集合体は生成されるが，粒子は化学および物理化学反応プロセスによって生成されるので，ここでは取り上げない．
　顆粒や錠剤状の薬，角砂糖，洗剤などに見られるように，微粒子を凝集させて大きさや組成や構造を制御し，粒子集合体の流動性や充填性を促進したり新たな機能を付与する造粒技術も重要な粒子集合体の生成技術である．
　また，粒子集合体の均一性の表示法，混合・混練技術についても述べる．

3.2.1 粉　砕

　粉砕の目的は反応性促進，流動性促進，混合，成形性付与，組成分離の前処理としての固体の細分化などである．粉砕は固体の破壊であり，古くは小麦から小麦粉を作るのに見られるように，簡単な道具によってその目的が生活の中で達せられてきた．このように粉砕は，産業技術の中において，古い単位操作の１つであり，現在でも幅広い産業分野で使われている．
　広い意味での粉砕（comminution）を大きく分けると，破砕と粉砕とになる．大きい粒子や固体の破壊を破砕（crushing）といい，小さい粒子の集合体としての破壊を粉砕（grinding）と呼んでいる．厳密な意味での分類ではなく，微粒子でも個々の粒子の破壊を単一粒子の破砕（single particle crushing）と呼ぶこともある．
　粉砕の技術的な課題は，目的とする粉体を得るための仕事量，砕成物の粒子径分布，粉砕速度論などである．さらに固体材料の細分化の他にも，新しい粉砕操作を利用して粒子の表面処理，複合化，メカニカルアロイングとアモルファス化，粒子の形状調整などが行われている．また，セメントやチタン酸バリウムの製造に代表されるように，固体間反応で合成された固体からの粉体製造に粉砕が使われている．

第3章 粉体の生成

1）粉砕に要する仕事量

粉砕に使われる仕事量は，粉砕前後の粒子径あるいは粒子径分布の差，変化に関係づけられる．

リッチンガー（Rittinger）の法則：固体を破壊した時，破壊の前後で異なっている重要なことは，新しい表面，すなわち破断面が生成していることである．1867年，リッチンガーは粉砕に消費された砕料単位質量当たりの仕事量 E [J·kg^{-1}] は，この新しく生成した表面積に比例すると考えた．これは固体の表面エネルギーに基礎をおく考えで，粉砕仕事量は次式で表される．

$$E = C_R(S_p - S_f) \tag{3.25}$$

ここで，C_R [J·m^{-2}] は砕料の種類によって決まる定数，S_f, S_p はそれぞれ粉砕前後の質量基準の比表面積である．C_R の逆数はリッチンガー数といわれ，粉砕効率を表す1つの基準として使われる．

また，式（3.25）を式（2.7）より比表面積径で表すと次式となる．

$$E = C_R' \left(\frac{1}{x_p} - \frac{1}{x_f} \right) \tag{3·26}$$

ここで，C_R' [J·m·kg^{-1}] は砕料によって決まる定数，x_f および x_p は粉砕前後の比表面積径である．

キック（Kick）の法則：これに対してキック（1885年）は，破壊時に粒子に蓄えられている弾性ひずみエネルギーに着目して，粒子径 x_f の砕料から粒子径 x_p の砕成物を得るプロセスを図3.11のように考えた．x_f の粒子は n 回の粉砕によって x_p まで粉砕され，粉砕前と粉砕後の粒子径で定義される粉砕比 r [-] は毎回同じであるとすると，砕料と砕成物の粉砕比 R （$=x_f/x_p$）[-] は次式で表される．

$$R = r^n \tag{3.27}$$

また，粒子の形も発生するひずみも相似で毎回同じであるとすると，粉砕時に砕料1kgに蓄えられるひずみエネルギー E_1 [J·kg^{-1}] も毎回同じになる．したがって，x_f の砕料を n 回の粉砕によって x_p まで粉砕する仕事量 E [J·kg^{-1}] は次式となる．

3.2 粒子集合体の生成および調製

$$E = nE_1 \tag{3.28}$$

式（3.28）に式（3.27）を代入すると，次式を得る．

$$E = E_1 \frac{\ln R}{\ln r} \tag{3.29}$$

ここで，$E_1/\ln r$ を $C_K [\mathrm{J \cdot kg^{-1}}]$ と置いてキック式を得る．

$$E = C_K \ln \frac{x_f}{x_p} \tag{3.30}$$

C_K は，砕料によって決まる定数である．

ボンド（Bond）の法則：前述の2つの考え方を比較すると，リッチンガーは粉砕前後の変化に注目しているのに対して，キックは砕料の破壊直前に注目しているが，共に粉砕を理想的な破壊としてとらえている．これに

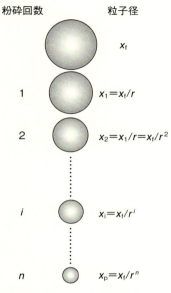

図3.11 キックの法則

対してボンドは，粉砕を無限に大きい粒子を粒子径がゼロの無限個数の粒子に粉砕する途中の現象であるとしてとらえ，リッチンガーおよびキックの中間的な考え方を示した．粉砕の開始段階では，粒子に加えられたひずみエネルギーは粒子の体積に比例するが，粒子内に亀裂が発生した後には生成した破断面積に比例するとし，砕料単位質量当たりの粉砕仕事量として次式を提案した．

$$E = C_B \left(\frac{1}{\sqrt{x_p}} - \frac{1}{\sqrt{x_f}} \right) \tag{3.31}$$

ここで，$C_B [\mathrm{J \cdot m^{1/2} \cdot kg^{-1}}]$ は砕料によって決まる定数である．

式（3.26）および式（3.30），（3.31）は，次のルイス（Lewis）式から導出される．

$$dE = -Cx^{-n}dx \tag{3.32}$$

ここで，C は定数で上式を $n=1$，1.5，2 でそれぞれ積分すると，キック，ボンド，リッチンガーの式を得る．

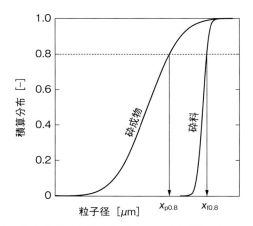

図 3.12 粉砕仕事量を粉砕前後の 80% 通過粒子径の差で定義

ボンドは式 (3.31) の実用性を高めて，粉砕に要する仕事量を W [kWh・t^{-1}] で表した次式を提案している[26].

$$W = W_i \left(\sqrt{\frac{100}{x_{\mathrm{p}0.8}}} - \sqrt{\frac{100}{x_{\mathrm{f}0.8}}} \right) \tag{3.33}$$

ここで，$x_{\mathrm{f}0.8}$ [μm]，$x_{\mathrm{p}0.8}$ [μm] はそれぞれ粉砕前後の 80% 通過粒子径である．ボンドの法則を図 3.12 で説明する．ボンドは式 (3.33) の W_i [kWh・t^{-1}] を，1 トンの砕料を無限の大きさ ($x_{\mathrm{f}0.8} = \infty$) から，100 μm ($x_{\mathrm{p}0.8} = 100\,\mu$m) まで粉砕するのに必要な仕事量と定義し，これをワークインデックス，粉砕仕事指数と呼んだ．粉砕に要する仕事量を予測するのに，式 (3.33) が広く使われているのは，この値を知ることにより粉砕仕事量の予測を可能にしたためである．

【例題 3.3】 ボンドの粉砕仕事理論において，粉砕仕事指数 W_i が 50 kWh・t^{-1} の粉体がある．粒子径分布がゴーダン・シューマン分布で $Q(x) = (x/90)^{1.3}$ で表される原料粉体を粉砕し，粒子径分布がロジン・ラムラー分布で $1 - Q(x) = \exp(-0.1\,x^{1.3})$ となる砕成物を得た．x [μm] として次の問に答えよ．

1) 原料の 80% 通過粒子径を求めよ．

3.2 粒子集合体の生成および調製

2) 砕成物の 80% 通過粒子径を求めよ．
3) 80% 通過粒子径で定義する粉砕比を求めよ．
4) この時の粉砕仕事量を求めよ．

【解答】

1) $0.8 = (x/90)^{1.3}$ から，$x_{f0.8} = 75.8\,\mu\text{m}$.

2) $1 - 0.8 = \exp(-0.1\,x^{1.3})$ から，$x_{p0.8} = 8.48\,\mu\text{m}$.

3) 粉砕比 R は，$R = \dfrac{x_{f0.8}}{x_{p0.8}} = \dfrac{75.8}{8.48} = 8.94$.

4) $E = 50\left(\dfrac{10}{\sqrt{8.48}} - \dfrac{10}{\sqrt{75.8}}\right) = 114\,\text{kWh}\cdot\text{t}^{-1}$. $1\,\text{kWh} = 3.6 \times 10^6\,\text{J}$ より

$E = 4.10 \times 10^5\,\text{J}\cdot\text{kg}^{-1}$.

ホルメス（Holmes）の法則：実際の粒子強度は図 3.4 に示すように，キックの考えとは異なり粒子径により異なる．この実験事実に基づき，ホルメス[26]はボンドが提案した式（3.31）のべき数 0.5 を n に一般化した．n は砕料の種類によって異なり 0.25～0.73 の値が測定されている．

2) 砕料の粉砕のしやすさ，しにくさの指標

粉砕機の選定，プロセスの設計，運転，生産量のコントロールのために，扱う粉砕原料，砕料の粉砕のしやすさ，しにくさを示す指標をあらかじめ測定する必要がある．これまでに砕料の粉砕性の定義や測定法が多く提案されている[28]．その中でも広く知られ，用いられているのは粉砕のしにくさを表すボンドが提案した W_i と，粉砕のしやすさを表すハードグローブ粉砕性指数である．

粉砕仕事指数（work index）：粉砕仕事指数は，一定量の砕成物を得るのに要する仕事量から求められる指数である．その測定は JIS M 4002 に規定されたボールミルを用いて，定められた条件で粉砕を行い，次式から求められる．

$$W_i = \frac{44.5}{X_s^{0.23} G_{b \cdot p}^{0.82} \left(\frac{10}{\sqrt{x_{p0.8}'}} - \frac{10}{\sqrt{x_{f0.8}}} \right)} \times 1.10 \tag{3.34}$$

ここで，X_s [μm] は粉砕試験に用いられたふるいの目開き，$x_{p0.8}'$ [μm] は X_s 以下の砕成物 80% 通過粒子径，$G_{b \cdot p}$ [g·rev^{-1}] はボールミル粉砕能と呼ばれ，ミル 1 回転当たりの X_s 以下の砕成物質量，$x_{f0.8}$ [μm] は試験用試料の 80% 通過粒子径である．W_i [kWh·t^{-1}] の値は，ガラス 13.5，石灰石 14.0，セメントクリンカー 17.8，金剛砂 62.4，石膏 7.4 などの測定値が報告[29]されている．

ハードグローブ粉砕性指数（Hardgrove Grindability Index，HGI）：これは，一定の仕事量を砕料に加えて得られる砕成物量で決められる指数で，JIS M 8801 に規定したハードグローブ試験機により測定される．HGI[30]の測定は W_i の測定より簡便なため，HGI と W_i の次のような関係式がいくつか提案されている[31]．

$$W_i = \frac{435}{(\mathrm{HGI})^{0.91}} \tag{3.35}$$

3）粉砕仕事量と砕成物の粒子径分布

粉砕に必要な仕事量は砕成物の粒子径分布によって違ってくる．粒子径 x_f の砕料 1 kg を x_p までに粉砕するのに必要な仕事量 E' は，式（3.32）より次式で与えられる．

$$E' = -\int_{x_f}^{x_p} C x^{-n} \mathrm{d}x \tag{3.36}$$

また，砕成物の粒子径分布が $q(x_p)$ で表されると，粉砕に必要な仕事量は次式で表される．

$$E = \int_{x_{\mathrm{pmax}}}^{x_{\mathrm{pmin}}} E' q(x_p) \mathrm{d}x = -\int_{x_{\mathrm{pmax}}}^{x_{\mathrm{pmin}}} \int_{x_f}^{x_p} C x^{-n} \mathrm{d}x \, q(x_p) \mathrm{d}x \tag{3.37}$$

ここで，x_{pmax}，x_{pmin} はそれぞれ砕成物の最大および最小粒子径である．チャールズ（Charles）[32]は，砕成物の粒子径分布に式（2.30）のゴーダン・シュ

3.2 粒子集合体の生成および調製

ーマン式を使い，粉砕仕事量と式 (2.30) 中の粒度係数の関係を導き，ロッドミル粉砕と衝撃粉砕の実験結果に適用した．また，その他の粒子径分布式を使うことにより，粉砕仕事量と砕成物の粒子径分布の関係が導かれた[33]．

4) 粉砕速度論

単位時間当たりの粉体の生成量を正確に把握し，管理することは生産現場においては欠かすことができない．また，粉砕に要する仕事量は粉砕の進行とともに増加するので，速度論的な考察が必要である．粉砕速度論は粉砕に要する仕事量の研究と同時に始まったと考えられるが，その詳細が明確になったのは 1950 年代以降である[34]．

粉砕機に供給した原料粒子およびこれから生成した微粒子と，中間的な大きさの粒子質量の粉砕時間に対する変化を図 3.13 に示す．粉砕速度は注目する粒子の大きさによって大きく異なるので，粉砕速度論は任意の粒子径に着目した場合と，粉砕機内の砕料の比表面積のように全体的な変化に着目した場合とに分けられる．

任意粒子径に着目した速度論：この場合，速度過程は供給粒子質量の減少過程と微粒子の生成過程によって論じられる．

供給粒子質量の減少過程は，図 3.13 に示したように，粉砕機内へ供給した原料粒子が粉砕時間とともに粉砕されて減少していく．この速度過程は次式に示す 1 次の減少速度式で表される．

$$\frac{dR}{dt} = -k_1 R \tag{3.38}$$

ここで，t [s] は粉砕時間，R [−] は供給粒子の質量分率，k_1 [s^{-1}] は粉砕速度定数である．その例を図 3.14 に示す[35]．

微粒子の生成速度は，多くの実験結果

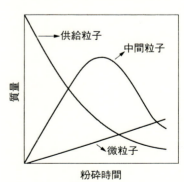

図 3.13 粉砕機内での任意粒子径を有する粒子の質量変化

第3章　粉体の生成

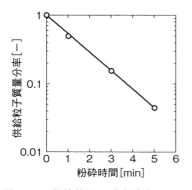

図 3.14 供給粒子の減少速度
（石灰石のボールミル粉砕）

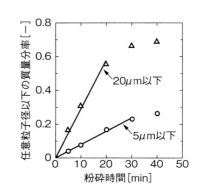

図 3.15 任意粒子径以下の増加速度
（石灰石のボールミル粉砕）

より，図 3.13 に示したように粉砕時間に対して直線的に増加すると見なしてよい．この過程は図 3.15 のように，次のゼロ次の生成速度式で表すことができる[36]．

$$\frac{dQ(x)}{dt} = k_x \tag{3.39}$$

ここで，$Q(x)$ は粒子径 x より小さい粒子質量分率 [—]，k_x [s^{-1}] は粉砕速度定数である．式 (3.38) および式 (3.39) は共に粉砕時間が長くなると，粉砕速度は低下して成立しなくなる．

砕成物全体に着目した速度論：砕料の比表面積は粉砕の進行とともに増加し，粒子径は小さくなる．したがって砕成物全体に着目した速度論では，比表面積と粒子径の変化として論じられる．石灰石のボールミル粉砕産物について比表面積を空気透過法で測定した結果を図 3.16 に示す．粉砕初期では比表面積は直線的に増加していくが，粉砕時間の増加とともに速度は低下し，一定値（限界値）S_∞ に近づいていく．この速度過程は次式で表される[37]．

$$\frac{dS_m}{dt} = k_s(S_\infty - S_m) \tag{3.40}$$

ここで，S_m は時間 t における比表面積，k_s [s^{-1}] は速度定数である．限界比

3.2 粒子集合体の生成および調製

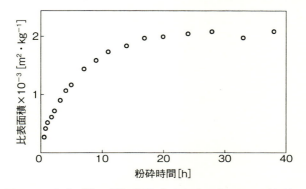

図 3.16 比表面積の増加過程（石灰石のボールミル粉砕）

表面積 S_∞ の値として，遊星ミルによるアルミナ粉体の湿式粉砕で $S_\infty = 2 \times 10^5$ m²·kg⁻¹ が報告されている[38]．粉砕初期においては式（3.41）のゼロ次の増加速度が成立し，その後のゆるやかに速度が減少していく過程は式（3.42）で表すことができる．

$$\frac{dS_m}{dt} = k_{s1} \tag{3.41}$$

$$\frac{dS_m}{dt} = k_{s2} S_m^{-n} \tag{3.42}$$

ただし，$n > 0$ である．

粉砕仕事量が時間に比例すると仮定すると，式（3.42）はルイス式（3.32）と同等であり，粉砕過程を仕事量で議論することができる．

粉砕の進行を表す粒子径として，比表面積径，80%通過粒子径，メディアン径などが用いられる．メディアン径の粉砕時間による減少過程を図 3.17 に示す．

【例題 3.4】 粉砕による比表面積の増加速度は，式（3.40）に示すように粉砕時間とともに減少する．この関係を使って粉砕時間と増加比表面積の関係を導出せよ．

第3章 粉体の生成

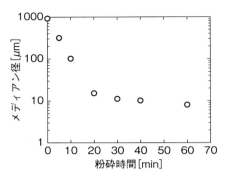

図3.17 メディアン径の減少速度
（石灰石のボールミル粉砕）

【解答】 式（3.40）を定積分 $\int_{S_0}^{S_m}\dfrac{\mathrm{d}S_m}{S_\infty - S_m} = \int_0^t k_s \mathrm{d}t$ して，

$\ln\dfrac{S_\infty - S_m}{S_\infty - S_0} = -k_s t$ を得る．

$S_\infty \gg S_0$ より $\ln\dfrac{S_\infty - S_m}{S_\infty} = -k_s t$．$1 - \dfrac{S_m}{S_\infty} = e^{-k_s t}$．

よって $S_m = S_\infty(1 - e^{-k_s t})$ を得る．

物質収支に基づく粉砕速度論：粉砕時間が t から $t + \Delta t$ に増加する間に，ある着目した粒子径範囲 $x \sim x + \Delta x$ 間にある粒子の変化量は，以下の収支式で表すことができる．

変化量 =	− 粉砕されて着目 粒子径範囲から 出ていく量	+ 着目粒子より大きな粒子が粉砕 されて着目粒子径範囲に入って くる量

この物質収支を式表示すると次式となる[39]．

$$\dfrac{\partial^2 Q(x,t)}{\partial t \cdot \partial x} = -\dfrac{\partial Q(x,t)}{\partial x} S(x,t)$$

3.2 粒子集合体の生成および調製

$$+ \int_{x}^{x_{\max}} \frac{\partial Q(r,t)}{\partial r} S(r,t) \frac{\partial B(r,x)}{\partial x} dr \quad (3.43)$$

ここで，x, r はともに粒子径であるが，r は粒子が着目粒子径より大きいことを表す．$Q(x,t)[-]$ および $Q(r,t)[-]$ は，粉砕時間 t における粒子径積算分布，$S(x,t)[\mathrm{s}^{-1}]$ および $S(r,t)[\mathrm{s}^{-1}]$ は，粉砕時間 t に粒子径 x, r の粒子が 1 s 間に粉砕される割合（確率）を表し，選択関数と呼ばれている．また，$B(r,x)[-]$ は粒子径が x より大きい粒子 r が粉砕されて，粒子径 x 以下になる質量割合，すなわち r が最大粒子径となる粒子径積算分布を表し，破砕関数と呼ばれている．

したがって選択関数と破砕関数が定義できれば，式 (3.43) により粉砕の進行過程を数値的に計算することができる[40]．しかし，両関数とも粉砕機の種類，粉砕条件などにより変化し，十分に解明されていないのが現状である．

【例 題 3.5】 式 (3.43) における $\partial Q(x,t)/\partial x, \partial Q(r,t)/\partial r, \partial B(r,x)/\partial x$ が表している内容を説明せよ．

【解答】 $\partial Q(x,t)/\partial x, \partial Q(r,t)/\partial r$：粉砕時間 t における粒子径 x および r の密度（ひん度）$q(x,t), q(r,t)$ を表す．

$\partial B(r,x)/\partial x$：粒子径 r の粒子が粉砕されて粒子径 x の粒子を生成する時，r の粒子量に対する x の粒子量の割合（密度）．

5) 粉砕機の種類

化学工業，セメント，選鉱（鉱物処理），石炭，骨材，リサイクル産業などの粉砕操作で扱われる固体，粉体の大きさは，メーターオーダーの塊からナノオーダーの超微粒子まで，10^9 の広がりがある．そのため多くの粉砕機が開発されている．粉砕機の分類は，その機構，処理量，粉砕の目的などにより分類方法は異なるが，ここでは砕料の大きさにより分類した．それを要約すると**表 3.4** になる[41]．なお，表中に示した粒子径範囲は目安である．

粗砕機は，おおよそメーターオーダーの塊を 10 cm 以下に破砕する．主な

第3章　粉体の生成

表3.4　破砕機，粉砕機の分類

破砕・粉砕操作の区分	砕料と砕成物のおおよその粒子径	破砕機，粉砕機	破砕，粉砕機構
小割	2 m ↓ 1.5～1 m>		プラント粗鉱受入部のグリズリオーバーサイズの破砕．ハンマー，ピックあるいは小割発破により破砕していたが，最近は作業の安全の立場からエアブレーカー，油圧ブレーカー，あるいはドロップボールにより破砕している．
粗砕	1.5～1 m ↓ 10 cm	ジョークラッシャー	固定ジョープレートと可動ジョープレートによる間欠的圧縮破砕．歯板にはストレート・ジョー・プレートとカーブド・ジョー・プレートがある．
		シングル・ロール・クラッシャー	歯付ロールとカーブド・ブレーキングプレートの間で圧縮，剪断とカッティング．
中砕	10 cm ↓ 1 cm>	ジャイレトリクラッシャー	固定コーンケーブとその内部を旋回するマントルによる連続的圧縮破砕．
		ハンマーミル，シュレッダー	高速回転するハンマーで衝撃，剪断破砕，カッティング．
微粉砕	2～1 cm ↓ 10～1 μm	ロッドミル	ロッドによる衝撃，圧縮破砕と摩砕．
		ローラーミル	ローラーとタイヤ，ローラーと回転テーブル間の圧縮，剪断，破砕と摩砕．ローラーあるいは鋼球はスプリングまたは油圧で回転テーブル上の砕料に圧接される．
		ボールミル	ボールによる衝撃，圧縮破砕と摩砕
		ジェットミル	高速気流による衝撃破砕，摩砕
		高速回転衝撃，剪断型微粉砕機	高速回転するハンマー，ピン，ディスクによる衝撃，剪断破砕．
		振動ボールミル	粉砕媒体に挟まれた粒子の衝撃破砕と摩砕．
		遊星ミル	ポットの公転と自転によって破砕媒体に加速度を与える．圧縮・衝撃破砕と摩砕．ネガティブグライティングを生じやすい．
超微粉砕	10～1 μm ↓ 1 μm>	媒体撹拌型超微粉砕機	適当な大きさの粉砕媒体と砕料粒子とを混合撹拌することによって粉砕エネルギーを有効に砕料粒子に伝え，いわゆる高エネルギー密度粉砕を行う．主として摩砕，衝撃，剪断粉砕も伴う．

3.2 粒子集合体の生成および調製

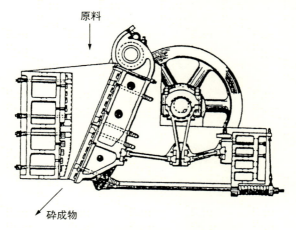

図3.18 ジョークラッシャー

粉砕機に図3.18に示すジョークラッシャーがある．その粉砕機構は相対する固定歯板と可動歯板の間に砕料をかみ込み圧縮破砕する．破砕と砕成物の排出は可動歯の往復運動による．

中砕機は，粒子径がおおよそ10 cmの砕料を1 cm以下に破砕する．主な粉砕機に図3.19に示すジャイレトリークラッシャーがある．その粉砕機構は逆円錐形の砕鉱鉢であるコーンケーブの中をクラッシングヘッドが偏心旋回運動をし，上部から供給した砕料が破砕されて下部より排出される．

微粉砕機に分類される粉砕機は多種多様である．粉砕前後の粒子径にも幅があるが，粒子径1 cm程度の砕料を10 μm

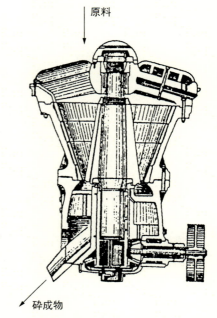

図3.19 ジャイレトリークラッシャー

以下に粉砕する．代表的な粉砕機にボールミルがある．回転円筒容器内に砕料と粉砕媒体のボールを入れて粉砕を行う機構で，長い歴史と実績があり信頼性が高い．粉砕機の構造は簡単でスケールアップが容易であり，微粉砕機として広く用いられている．

超微粉砕機は，おおよそ粒子径 $10\,\mu m$ の砕料を $1\,\mu m$ 以下に粉砕するもので，主な粉砕機として媒体攪拌型粉砕機がある．媒体攪拌型粉砕機は約 80 年の歴史があり，その粉砕機構は粉砕媒体と砕料を混合，攪拌することにより衝突，剪断，圧縮，摩砕などの複合作用により粉砕を行う．粉砕媒体の攪拌方法が異なる様々な粉砕機が開発され用いられている．図 3.20 に示す粉砕機は，攪拌軸の中心部からスラリー状で供給した砕料をローターの回転によって粉砕媒体のボールと攪拌混合し，粉砕していく方法である．砕料の流れ方向がボールの受ける遠心力方向と一致しているため，ボールから受ける剪断力も大きく，また力を受ける確率も高くなっている．この粉砕機による顔料の粉砕では，メディアン径が数十 nm の砕成物が得られている[42]．その他表 3.4 に微粉砕機として示した遊星ミル，振動ミルも粉砕条件によりこの分類に入れることもできる．

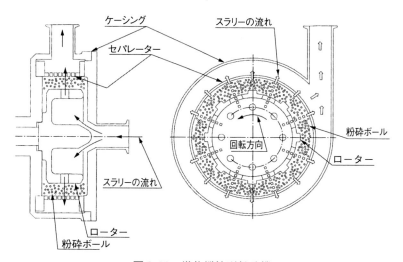

図 3.20　媒体攪拌型粉砕機

砕料粒子1個の破砕エネルギー E とこの粒子単位質量当たりの破砕エネルギー E/M の粒子径による変化を図3.8に示した. E/M は粒子径の減少とともに著しく増大するが, E は減少する. したがって粉砕の進行のためには, 砕料粒子と粉砕媒体の衝突回数の増加が大切であることがわかる. 一般に, 粉砕機内にある砕料質量は一定であると考えてよく, 全粒子個数は, 粉砕の進行すなわち粒子径の減少とともに粒子径の3乗に逆比例して増加する. そのため超微粉砕機の開発および粉砕操作においては, 短時間に砕料粒子と粉砕媒体の衝突回数を増加させる工夫が必須の条件になる.

3.2.2 造 粒

序章において固体物質を粒子や粉体にすることの利点として, まず溶解性や反応性の促進を挙げ, 次に流動性の付与を挙げた. 粒子を細かにしていくと溶解性や反応性は確かに向上するが, 逆に粉体の流動性は悪くなってしまう. 粒子生成操作のみで両特性を同時に向上させることは不可能であるが, 粒子を適度な結合力で結合して適度な充填率を持つ大きさのそろった顆粒にすると, 溶解性や反応性を落とすことなく, 流動性を向上できる. このように, 造粒操作は粉体の持つ利点を損なわずに, 併せ持つ欠点を補うことができる. 新たな機能を付与するなど多くの効果が期待できるため, ほとんどの場合, 微粉体は最終製品だけでなく, 中間製品においても顆粒体として取り扱われる.

造粒により期待される効果は, 以下のように要約される[43].

粉体自体の処理

① 偏析防止；密度, 粒子径, 形などの異なる多成分混合粉体の偏析を低減できる. 偏析については, 3.2.4「粉体層の均一性」(p.83) 参照.

② 圧縮特性の向上；粉体圧縮時の応力伝達性を向上し, 成形時の割れ防止や充填密度の向上が図れる.

③ 流動性の向上；大きさのそろった球状顆粒の造粒による流動性の向上が図れる.

熱物質移動・反応性

④ 溶解性の向上；顆粒の空隙率を適度に調整することにより，まま粉を防ぐことができる．

⑤ 通気性の向上；固定層，移動層などの通気（液）抵抗を低減し，同時に熱・物質移動や反応の制御を容易にできる．

⑥ 新たな機能付与；コーティング造粒やマイクロカプセル化は，薬が効き始める時間を制御（徐放性）したり，粉末酒を作ったり様々な機能を付与できる．

粉体管理上の対策

⑦ 移送性の向上；搬出入の省力化と自動化，輸送容量の低減が図れる．発塵や容器への付着を防止できる．

⑧ 保全；発塵の低減により作業環境を浄化し，粉塵爆発や塵肺などの災害を防ぐことができる．

⑨ 計量のやりやすさ；錠剤やペレット状に造粒したものは，個数計量が可能となり計量精度も上げることができる．また，包装も容易になる．

⑩ 外観；外観を美しく整え，商品価値を高める．

【例題3.6】 ココア粉末を水で解くと，まま粉になる理由を考え，造粒によってまま粉を作らない方法を考案せよ．ただし，水を注ぐだけで飲めるようにするため，ミルクと砂糖も一緒に入れたい．

【解答】 濡れ性の良い粉体の場合，粒子間の間隙が狭いほど水は吸引されやすく，容易に水に解ける．しかし，ココアやミルクなどのように脂肪分を多く含む濡れ性の悪い粉体では，毛管力は抵抗力として働く（図2.7参照）．そのため，粒子間の間隙が狭いほど水は浸入しにくくなり，まま粉になりやすい．また，いったんまま粉ができると，粒子間隙にできる水のメニスカスはまま粉の中心に向かって凸になるため，まま粉には圧縮力が作用してさらに解けにくくなる．

したがって，まま粉を防ぐには，ココアとミルク粒子を濡れ性が良く溶解性を持つ砂糖でコーティングして，粒子の濡れ性を良くする方法と，空間率の大

きな顆粒を作り，粒子間隙を広くして水を浸透しやすくする方法が考えられる．後者の場合，砂糖をココア粒子の間に分散させることも有効である．

【例題3.7】 次の食品・日常品では，主にどのような造粒効果が発揮されていると考えられるか．上述の①～⑩の番号で答えよ．
洗剤，ふりかけ，角砂糖，チャコール，効き目の持続するカプセル風邪薬
【解答】 洗剤（③，④，⑦，⑧），ふりかけ（①，③），角砂糖（⑦，⑨，⑩），チャコール（固形燃料）（⑤，⑨），効き目の持続するカプセル風邪薬（③，④，⑥，⑦，⑨，⑩）

3.2.3 造粒技術

造粒技術は造粒機構によって，粒子を押し固める強制造粒法，粒子の相互接触を促して顆粒を成長させる自足造粒法，懸濁液を乾燥固化する方法，液相中で微粒子を凝集させる液相造粒法がある．

1）強制造粒法

強制造粒法は粒子を押し固める方法によって，さらに押し出し造粒法，圧縮造粒法，解砕造粒法に分類される．押し出し造粒装置の例を図3.21に示す．圧縮造粒法には，打錠，圧縮ロール表面に彫られた型によって造粒する方法がある．解砕造粒では，圧縮ローラーなどにより高密度に成形した圧粉体を解砕したのち，整粒して顆粒を得る．

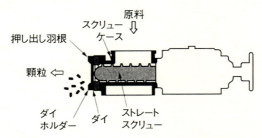

図3.21 前押し出し式スクリュー型押し出し造粒機

2) 自足造粒法

自足造粒法では粒子間に働く圧縮力が弱いため,液状結合剤(バインダー)を添加して,顆粒を雪だるま式に成長させる.粒子を接触させるための運動様式によって,さらに転動造粒法,流動層造粒法,撹拌造粒法に分類される.転動造粒法は回転容器内で粒子を転動させて造粒する方法である.図 3.22 に皿(パン)型造粒機の例を示す.図 3.23 に示した流動層造粒装置は,被覆造粒(コーティング)に最も適しており,撹拌造粒法では混合や捏和(ねっか)を同時に行える.

図 3.22 皿(パン)型造粒機

図 3.23 流動層造粒装置

3) 懸濁液を乾燥固化する方法

懸濁液滴を熱風中に噴霧し,乾燥顆粒を得る噴霧乾燥造粒法と,懸濁液を凍結したのちに真空乾燥する真空凍結造粒法がある.噴霧乾燥造粒は工程が簡単であるため,連続化,大型化,工程管理が容易であり,各種の工業で利用されている.真空凍結法は,加熱が好ましくない食品や薬品の造粒に用いられる.

4) 液相造粒

懸濁液に凝集剤を加えて造粒する方法と,油中水滴あるいは水中油滴表面上での界面重合反応を利用して壁膜を作り,粒子をマイクロカプセル化する方法がある.マイクロカプセル化は,粒子に様々な機能を付加することができる利

点がある.

3.2.4 粉体層の均一性

液体や気体と違い,粉体を構成する粒子は自己拡散性を持たないために,粉体を完全に混合,分離することは難しく,不均一な混合状態を取る場合が多い.したがって,目的に応じて粉体層の均一性や混合度を評価し,制御,操作することは重要である.

1) 偏析 (segregation)

粉体が流動すると粒子径,粒子密度,粒子形状,表面状態などの違いによって粉体層の組成が場所により異なってくる現象で,粉体層の均一性を阻害するが,これを有効に利用し,混合組成を場所によって変えることも可能である.

粒度偏析 (size segregation) は粒子径の違いによって生じる偏析で最も顕著に見られる.図 3.24 のように粉体を平面上に円錐形に堆積させる際には,微粒子は堆積した粗粒子の隙間に入り込むために中心部に集まり,粗粒子は安息角が小さいこともあって周辺部まで転がり落ちる.したがって半径方向に粒度偏析が生じる.また,円錐形に堆積した粉体を中心下部から排出すると,最初に中心部の微粒子が排出され,後から周辺部の粗粒子が多く排出されるので,時間的に粒子径が変化することになる.この他,充填層に振動を与えると微粒子が底に粗粒子が層上部に移動し,粒度偏析が起こる.また,充填層を振動させた場合,同じ粒子径でも密度が大きい粒子が下に,小さな粒子が上に移動する密度偏析が生じる.

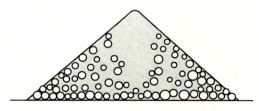

図 3.24 粒度偏析の例

偏析の度合いを表す指標が偏析度であり，粉体層内の場所による混合度の違いや分散が用いられる．また，粉体層を上下に2分割し，層上部と下部での着目成分の濃度の差を濃度の和で割った値である偏析係数も用いられる．着目成分が層上部だけに存在すれば偏析係数の値は1，下部だけに存在すれば−1，上部と下部の濃度が等しければゼロとなる．

2) 均一性の評価

均一性を検討する場合，どの範囲で議論するのか目的に応じて明確にする必要がある．たとえば錠剤を例に取ると，その薬効成分の含有量が錠剤ごとにばらつくことは問題であるが，1個の錠剤の中で偏析していても問題はない．したがって錠剤の場合は，錠剤1個の量がサンプルサイズとなる．しかし錠剤を分割して服用する場合は，分割された最小単位をサンプルサイズとしなければならない．

混合度による分散の評価：混合物から無作為に採取したN個のサンプルについて着目成分の濃度あるいは混合割合を求め，その値がC_i（$i=1, 2, 3, \ldots\ldots, N$）とすれば，その平均値$\overline{C}$は次式で求められる．

$$\overline{C} = \frac{1}{N} \sum_{i=1}^{N} C_i \tag{3.44}$$

試料の分散σ_s^2は次式で求められる．

$$\sigma_s^2 = \frac{1}{N-1} \sum_{i=1}^{N} (C_i - \overline{C})^2 \tag{3.45}$$

着目成分の仕込み濃度C_0が既知の場合，σ_s^2は次式で求められる．

$$\sigma_s^2 = \frac{1}{N} \sum_{i=1}^{N} (C_i - C_0)^2 \tag{3.46}$$

式（3.45）で求められる分散は不偏分散，式（3.46）で求められる分散は標本分散と呼ばれる．この分散あるいはその平方根である標準偏差σ_sの値は，N個のサンプル全ての濃度が平均値に等しい．すなわち完全に均一であればゼロとなり，サンプルによる濃度のばらつきが大きいほど大きな値となるので，

3.2 粒子集合体の生成および調製

均一度の指標として用いることができる．なお，σ_s を C_0 または $\overline{C}$ で割った無次元値を変動係数 C_V と呼び，混合度を表す尺度となる．

しかし，σ_s は混合度だけでなく，サンプルサイズや着目成分の割合の影響も受けるので，普遍的な混合の度合いを表すために，二項分布式より求められる完全混合状態の分散 σ_r^2 と完全分離状態の分散 σ_0^2 より定義される混合度 M が用いられる．σ_r^2 と σ_0^2 は次式で求められる．

$$\sigma_r^2 = \frac{\overline{C}(1-\overline{C})}{N} \quad \text{or} \quad \frac{C_0(1-C_0)}{N} \tag{3.47}$$

$$\sigma_0^2 = \overline{C}(1-\overline{C}) \quad \text{or} \quad C_0(1-C_0) \tag{3.48}$$

ここで，N は1つのサンプル中に含まれる粒子数である．混合度 M は次式で表され，完全混合状態では1，完全分離状態ではゼロを示す．

$$M = \frac{\sigma_0^2 - \sigma_s^2}{\sigma_0^2 - \sigma_r^2} \tag{3.49}$$

【例題 3.8】 薬効成分を1％含み，錠剤間の薬効成分含有率変動係数を1％以下に抑えて錠剤を作りたい．錠剤は直径 8 mm，厚さ 2 mm の円盤状で，粒子の充填率は 0.6 である．薬効成分粒子も添加剤粒子も同じ大きさの球と仮定して，粒子の大きさを求めよ．

【解答】 薬効成分の含有率 C_0，錠剤1個に含まれる粒子数を N とすると，完全混合状態の変動係数は次式となる．

$$C_V = \sqrt{\frac{C_0(1-C_0)}{N}} \frac{1}{C_0} \times 100 = \frac{1}{\sqrt{N}} \sqrt{\frac{1-C_0}{C_0}} \times 100$$

上式に $C_0 = 0.01$，$C_V = 1\%$ を代入すると，

$$N = \frac{10^4}{C_V^2} \frac{1-C_0}{C_0} = \frac{1-0.01}{0.01} \times 10^4 = 9.90 \times 10^5$$

錠剤1錠内の粒子体積は $\frac{\pi}{4} \times 0.008^2 \times 0.002 \times 0.6 = 6.03 \times 10^{-8}$ [m³] なので，粒子1個の体積は 6.09×10^{-14} [m³] で粒子径は $48.8 \mu m$ となる．したがって，

第3章　粉体の生成

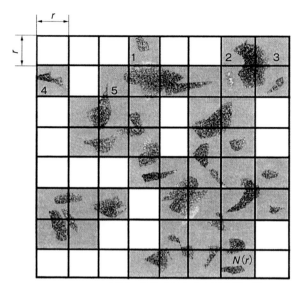

$N(r)$：着目成分を含む正方形の数
r：正方形の辺長

図 3.25　カバー法による混合物のフラクタル次元測定

粒子径は $48.8\,\mu\mathrm{m}$ より小さくなければならない．

フラクタル次元による分散の評価：着目成分の平面あるいは空間分散状態を画像化し，その混合状態を直接定量化する指標としてフラクタル次元が用いられる．図 3.25 のように画像を一辺が r の正方形に分割し，着目成分（黒い部分）が含まれる正方形の数 $N(r)$ を求める．正方形の辺長 r を変えて同様な操作を繰り返し，図 2.3 のように得られた $N(r)$ を r に対して両対数プロットして直線関係が得られれば次式が成立する．

$$N(r) = r^{-D} \tag{3.50}$$

ここで D がこの画像のフラクタル次元である．測定が平面画像であれば D は 0〜2 の範囲の値を示し，ゼロに近いほど着目成分が点状に，1 に近ければ線状に，2 に近ければ面状に分散混合していることを表す．

3.2 粒子集合体の生成および調製

3.2.5 混合・混練

1）混合（mixing）

　粉体は気体や液体と異なり，個々の粒子は自己拡散性を持たないため，外力を加えて混合させる必要がある．混合を進行させるには粉体を強力に攪拌，あるいは転動させ，静止部を生じないようにする必要がある．混合の機構としては，次の3つである．

対流（移動）混合：混合機内の粒子群の大きな移動の繰り返しによる混合．
剪断混合：粉体内の速度分布の差によって生じる粒子相互のすべりなどによる
　　　　　混合．
拡散混合：近接した粒子相互の位置交換による局所的，拡散的な混合．

　粉体の混合機にはこれらの機構を組み合わせた多くの種類があり，目的に合った特徴を持つ混合機を選択して使用する必要がある．混合機の種類を大別すると次のようなる．

① 容器回転型（粉体の入った容器自体が回転，振動，揺動する）；水平円筒型，V型，二重円錐型，揺動回転型ミキサーなど．
② 機械攪拌式（粉体の入った容器内に入れた羽根が回転する）；短軸リボン型，複軸パドル型，回転鋤型，2軸遊星攪拌型，円錐スクリュー型，フラッシュミキサー．
③ 流動攪拌式（粉体の入った容器内に気体を流す）；気流攪拌型，流動層型，ジェットミキサー．
④ 無攪拌式（ねじれた管内に粉体を流す）；モーションレスミキサー，静止型混合機
⑤ 高速剪断・衝撃式（粉体を高速回転して混合）；高速楕円ローター型，高速攪拌型

　これらのうち①，③，④は比較的流動性の良い粉体の混合に，②と⑤は流動性の悪い粉体の混合に用いられる．また，初めに①や③，④などの混合機である程度まで混合しておき，その後②や⑤の混合機でよく混合するという方法が

第3章 粉体の生成

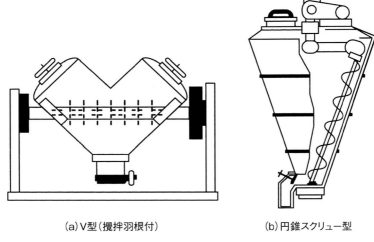

(a) V型（攪拌羽根付）　　　　　(b) 円錐スクリュー型

図 3.26　代表的な混合機

用いられる場合もある．これらのうち容器回転型と機械攪拌式の代表的な混合機の概略を図 3.26 に示した．

2) 混練・捏和（ねっか）(mulling, kneading)

粉体をほぐしながら，その表面を液体やペーストで濡らし，被覆，分散する操作で，造粒や成形，塗膜化などの前処理として行われる．混練・捏和の機構は混合物の層流剪断，圧延，折りたたみなどであり，これらにより混合物中の粉体や凝集粒子は圧縮力，剪断力，引張力を受けて解砕され，液体やペーストに均一分散するようになる．

混練・捏和状態の評価は混練・捏和機のトルクや消費電力の測定，温度変動，圧力変動，混練物の引張強度やレオロジー特性の測定や分析などで行われているが，対象となる混合物や装置に依存するので，混合度のような一般的な評価は難しい．電子顕微鏡や走査型プローブ顕微鏡を用いた混練物の観察などのミクロ的な評価法も用いられる．

混練・捏和機は次の3種類に大別される．これらのうち回転容器型と固定容

3.2 粒子集合体の生成および調製

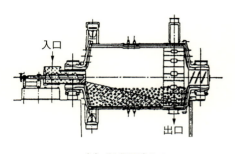
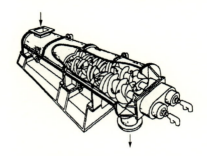

(a) 湿式混練ミル　　　(b) 2軸型ニーダー
　　　　　　　　　　　　（セルフクリーニング式）

図 3.27　代表的な混練機

器型の代表的な混練・捏和機の概略を図 3.27 に示す.

① 回転容器型（容器を回転し，内部の粉体を練り合わせる）；湿式混練ミル，コンクリートミキサー.

② 固定容器型（固定容器内で攪拌翼を回転し，内部の粉体を練り合わせる）；ボテーター，バンバリーミキサー，2軸型ニーダー.

③ ロール型（回転するロールで，粉体と媒体とをよく練り合わせる）；ロールミル，テーパーロールミル.

このように混練・捏和機には様々なタイプがあるので，混練・捏和するものや目的によって適切なものを選択する必要がある.

〈参考文献〉

1) 三輪茂雄：粉体工学通論, P.152, 日刊工業新聞社 (1983)
2) 八嶋三郎編：粉砕と粉体物性, P.58, 培風館 (1986)
3) 神田良照, 八嶋三郎：粉体と工業, 26, 36 (1994)
4) 八嶋三郎, 神田良照, 坂本宏, 粟野修, 諸橋昭一：化学工学, 34, 1199 (1970)
5) 平松良雄, 岡行俊, 木山英郎：日本鉱業会誌, 81, 1024 (1965)
6) 神田良照, 八嶋三郎, 下飯坂潤三：日本鉱業会誌, 86, 847 (1970)
7) 大井喜久夫, 中村輝太郎訳：ガラスの物理, P.147, 共立出版 (1977)
8) 金丸競：材料強度論―亀裂と破断, P.16, 共立出版 (1977)
9) Griffith A. A：*Proceedings of First International Congress of Applied Mechanics, Delft,*

第3章 粉体の生成

55 (1924)
10) 岡村弘之：線形破壊力学入門，P. 22，培風館 (1976)
11) 山口梅太郎，西村祐一：岩石力学入門，P. 96，東京大学出版会 (1969)
12) Epstein. B : *Journal of Applied, Physics*, **19**，140 (1948)
13) 八嶋三郎，齋藤文良：粉体工学会誌，**16**，714 (1979)
14) 神田良照，佐野茂，齋藤文良，八嶋三郎：化学工学論文集，**10**，108 (1984)
15) Gilvarry. J. J : *Journal of Applied Physics*, **32**，391 (1961)
16) Gilvarry. J. J and B. H. Bergstrom : *Journal of Applied Physics*, **32**，400 (1961)
17) Gaudin, A. M and T. P. Meloy : *Transactions of the Society of Mining Engineers of A. I. M. E*, **223**，40 (1962)
18) Klimpel. R, R and L. G. Austin : *Transactions of the Society of Mining Engineers of A. I. M. E*, **232**，88 (1965)
19) Harris. C. C : *Transactions of the Society of Mining Engineers of A. I. M. E*, **235**，143 (1966)
20) 八嶋三郎，齋藤文良，堀田浩充：化学工学論文集，**7**，83 (1981)
21) 向阪保雄：粉体工学会誌，**26**，146 (1989)
22) 奥山喜久夫，島田学：粉体工学会誌，**29**，701 (1992)
23) 杉本忠夫：粉体工学会誌，**29**，912 (1992)
24) 奥山喜久夫，安立元明，新井康司，向阪保雄，峠登，辰巳砂昌弘，南努：粉体工学会誌，**26**，4 (1989)
25) 小久保正，粉体工学会誌，**26**，189 (1989)
26) Bond. F. C : *Transactions of the American Institute of Mining and Metallurgical Engineers*, **193**，484 (1952)
27) Holmes. J. A : *Transaction of the Institution of Chemical Engineers*, **35**，125 (1957)
28) 松居国夫：化学工学，**35**，268 (1971)
29) 粉体工学会編：粉体工学便覧，P. 295，日刊工業新聞社 (1998)
30) Lowrison. G. C : Crushing and Grinding, P. 53, CRC Press, Cleveland, Ohio (1974)
31) Bond. F. C : *British Chemical Engineering*, **6**，378 (1961)
32) Charls. R. J : *Transactions of the American Institute of Mining, Metallurgical and Petroleum Engineers*, **208**，80 (1957)
33) 八嶋三郎：粉砕と粉体物性，P. 71，培風館 (1986)
34) 田中達夫，宮脇猪之介，藤崎一裕：化学工学，**35**，276 (1971)
35) Kotake. N, K. Suzuki, S. Asahi and K. Kanda : *Powder Technology*, **122**，101 (2002)
36) 小竹直哉，神田良照：資源と素材，**116**，901 (2000)
37) 田中達夫：化学工学，**18**，160 (1954)
38) 横山豊和，窪田輝夫，神保元二：粉体工学会誌，**29**，102 (1992)
39) Sedlatshek. K and L. Bass : *Powder metallurgy bulletin*, **6**，148 (1953)

40) Furuya. M, Y. Nakajima and T. Tanaka: *I&EC Process Design & Development*, **10**, 449 (1971)
41) 八嶋三郎：粉体と工業, **26**, 29 (1994)
42) 三井鉱山（株）カタログ (2002)
43) 粉体工学会編：粉体工学便覧, P. 361, 日刊工業新聞社 (1998)

第4章　場の中での粒子と粉体の挙動

　粒子は重力などの場の作用によって様々な振る舞いをし，その振る舞いの差を利用して，粒子の分離や分級が行われている．本章では4.1で，重力場，電場，磁場中での粒子の運動について述べ，4.2で場を使った分離・分級操作について述べる．

4.1　場の中での粒子の挙動

　本節では，まず無限に広がる水や空気などのニュートン流体中に置かれた球粒子の運動について述べ，次に粒子の形や粒子濃度，気体圧力などが粒子運動に及ぼす影響について述べる．

　液体，気体にかかわらずニュートン流体中の粒子の運動方程式は同じであるが，液体の密度は固体と同じオーダーであるため無視できないのに対し，気体の密度は千分の一のオーダーなので無視できる．そのため，同じ粒子挙動を表すのに，固-気系と固-液系で異なる式のように見えることがあるので注意を要する．

4.1.1　球粒子の運動方程式

　真空中において，直径 x [m] で密度が ρ_p [kg·m^{-3}] の球粒子に外力 F [N] が作用する時，力は粒子の質量と加速度の積であるので，その運動方程式は次式で与えられる．

$$F = \frac{\pi}{6} x^3 \rho_\mathrm{p} \frac{\mathrm{d}u}{\mathrm{d}t} \tag{4.1}$$

ここで，$u\,[\mathrm{m\cdot s^{-1}}]$ は粒子の速度である．粒子に絶えず外力が作用し続ける場合，粒子は等加速度運動をし，初速度 $u_0 = 0$ の時粒子の速度は次式で与えられ，速度は無限に増加し続ける．

$$u = \frac{6F}{\pi x^3 \rho_\mathrm{p}} t \tag{4.2}$$

それに対して，ニュートン流体中で外力を作用すると，粒子には流体抗力 R [N] が作用する．また，粒子は進行方向の流体を押しのけてその流体を加速するので，粒子の質量は見かけ上大きくなる（付加質量）ため，粒子の運動方程式は次式に書き改められる．

$$\frac{\pi}{6} x^3 \left(\rho_\mathrm{p} + \frac{1}{2} \rho_\mathrm{f} \right) \frac{\mathrm{d}u}{\mathrm{d}t} = F - R \tag{4.3}$$

$$R = C_\mathrm{D} \frac{\pi}{4} x^2 \frac{\rho_\mathrm{f} u^2}{2} \tag{4.4}$$

ここで，$\rho_\mathrm{f}\,[\mathrm{kg\cdot m^{-3}}]$ は流体の密度である．$C_\mathrm{D}\,[-]$ は抗力係数あるいは抵抗係数（drag coefficient）と呼ばれる．外力と流体抗力が釣り合うと，粒子は $\mathrm{d}u/\mathrm{d}t = 0$ となって終末速度（terminal velocity）に達し，一定速度で運動する．

抗力係数は，次式で定義される粒子レイノルズ（Reynolds）数 $Re_\mathrm{p}\,[-]$ の関数として表される．

$$Re_\mathrm{p} = \frac{x u \rho_\mathrm{f}}{\mu} \tag{4.5}$$

ここで，$\mu\,[\mathrm{Pa\cdot s}]$ は流体の粘度である．Re_p は粒子周りの流れの状態を表す無次元数で，$Re_\mathrm{p} < 2$ の領域は層流域もしくはストークス（Stokes）域と呼ばれ，流れは剥離することなく粒子の周りを流れる．$2 < Re_\mathrm{p} < 500$ の領域は遷移域もしくはアレン（Allen）域と呼ばれ，流れは剥離し渦を生じてくる．$500 < Re_\mathrm{p}$ では，流れは粒子後方で激しく渦巻き，乱流域もしくはニュートン（Newton）域と呼ばれる．球粒子の抗力係数 C_D と Re_p の関係は，図 4.1 の標準抵抗曲線

4.1 場の中での粒子の挙動

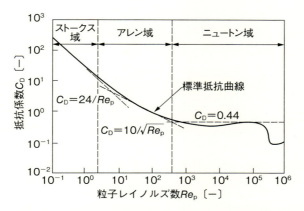

図4.1 球粒子の抵抗係数と粒子レイノルズ数の関係

で表されるが，それぞれの領域に対して次の近似式が広く用いられている．

層流域（$Re_p<2$），ストークスの抵抗則：$C_D = \dfrac{24}{Re_p}$ (4.6)

遷移域（$2<Re_p<500$），アレンの抵抗則：$C_D = \dfrac{10}{\sqrt{Re_p}}$ (4.7)

乱流域（$500<Re_p$），ニュートンの抵抗則：$C_D = 0.44$ (4.8)

広い範囲で適用可能な式として次式がある．

$$Re_p<1000 : C_D = \dfrac{24}{Re_p}\left(1 + \dfrac{Re_p^{2/3}}{6}\right)$$ (4.9)

最も重要な層流域での流体抗力 R [N] は，式 (4.4) に式 (4.5), (4.6) を代入して次式となる．

$$R = 3\pi\mu u x$$ (4.10)

4.1.2 外力が作用しない粒子の運動

層流域においては，式 (4.3) で $F=0$ と置き，式 (4.10) を代入すると次式を得る．

第4章 場の中での粒子と粉体の挙動

$$\frac{\mathrm{d}u}{u} = -\frac{18\mu}{(\rho_\mathrm{p}+\rho_\mathrm{f}/2)x^2}\,\mathrm{d}t \tag{4.11}$$

ここで初速度を u_0 として式（4.11）を積分すると，時刻 t における粒子速度 u は次式で与えられる．

$$u = u_0\exp\left\{-\frac{18\mu}{(\rho_\mathrm{p}+\rho_\mathrm{f}/2)x^2}t\right\} \tag{4.12}$$

式（4.12）より，静止流体中に打ち出された粒子は，次式で定義される粒子緩和時間（particle relaxation time）τ 後に，粒子速度は初速度の $1/e = 0.368$ 倍になる．

$$\tau = \frac{(\rho_\mathrm{p}+\rho_\mathrm{f}/2)x^2}{18\mu} \tag{4.13}$$

その間の粒子の移動距離 L は次式で与えられる．

$$L = \int_0^t u\,\mathrm{d}t = u_0\tau(1-e^{-t/\tau}) \tag{4.14}$$

ここで粒子が停止するまでの距離を，粒子停止距離（particle stopping distance）L_∞ と呼び，τ とともに粒子の持つ慣性の大きさを表す．粒子停止距離は，式（4.14）で $t \to \infty$ として次式で与えられる．

$$L_\infty = u_0\tau \tag{4.15}$$

4.1.3 重力場での粒子の沈降

重力場で，直径が x，密度が ρ_p の球粒子に働く外力 F は，重力加速度を g [m·s^{-2}] とすると $\pi x^3(\rho_\mathrm{p}-\rho_\mathrm{f})g/6$（有効重力）となるので，式（4.3），（4.4）より鉛直方向の運動方程式は次式で与えられる．

$$\frac{\pi}{6}x^3\left(\rho_\mathrm{p}+\frac{1}{2}\rho_\mathrm{f}\right)\frac{\mathrm{d}u}{\mathrm{d}t} = \frac{\pi}{6}x^3(\rho_\mathrm{p}-\rho_\mathrm{f})g - C_\mathrm{D}\frac{\pi}{4}x^2\frac{\rho_\mathrm{f}u^2}{2} \tag{4.16}$$

まず有効重力と流体抗力が釣り合った状態の終末沈降速度 u_∞ を求める．それぞれの領域の流体抗力係数式（4.6），（4.7）を代入して整理すると，次のように u_∞ が求められる．

4.1 場の中での粒子の挙動

層流域 $(Re_{p\infty}<2)$: $u_\infty = \dfrac{(\rho_p - \rho_f)gx^2}{18\mu}$ (4.17)

遷移域 $(2<Re_{p\infty}<500)$: $u_\infty = \left\{\dfrac{4}{225}\dfrac{(\rho_p-\rho_f)^2 g^2}{\mu\rho_f}\right\}^{1/3}x$ (4.18)

乱流域 $(500<Re_{p\infty})$: $u_\infty = \left(3\dfrac{\rho_p-\rho_f}{\rho_f}g\right)^{1/2}x^{1/2}$ (4.19)

【例題 4.1】 密度が 3,000 kg·m^{-3} の球粒子の 20℃ の水中および空気中での終末沈降速度を，粒子径に対して図示せよ．20℃ の水と空気の粘度は，それぞれ 1.00 mPa·s と 18.2 μPa·s，密度は，998 kg·m^{-3} と 1.21 kg·m^{-3} とする．

【解答】 式 (4.16) で有効重力＝流体抗力より，次式を得る．

$$u_\infty^2 = \frac{4}{3}\frac{\rho_p-\rho_f}{\rho_f}\frac{g}{C_D}x = \frac{4}{3}\frac{\rho_p-\rho_f}{\rho_f}\frac{g}{C_D}\frac{\mu Re_{p\infty}}{u_\infty\rho_f}$$

$$\therefore\quad u_\infty = \left\{\frac{4}{3}\frac{(\rho_p-\rho_f)\mu g}{\rho_f^2}\frac{Re_{p\infty}}{C_D}\right\}^{1/3} \quad\text{(a)}$$

$Re_{p\infty}<1000$ の範囲では式 (4.9) より C_D を Re_p に対して求め，$1000\le Re_{p\infty}$ では $C_D=0.44$ として，式 (a) を用いて u_∞ を $Re_{p\infty}$ に対して計算する．次に式 (4.5) を用いて $Re_{p\infty}$ を粒子径 x に換算する．

<u>水中を沈降する場合</u>

$Re_{p\infty}<1000$;

$$u_\infty = \left\{\frac{4}{3}\frac{(3000-998)\times 0.001\times 9.81}{998^2}\frac{Re_{p\infty}}{4(6+Re_{p\infty}^{2/3})}Re_{p\infty}\right\}^{1/3}$$

$$= \left(6.57\times 10^{-6}\frac{Re_{p\infty}^2}{6+Re_{p\infty}^{2/3}}\right)^{1/3}$$

$1000\le Re_{p\infty}$;

$$u_\infty = \left\{\frac{4}{3}\frac{(3000-998)\times 0.001\times 9.81}{998^2}\frac{Re_{p\infty}}{0.44}\right\}^{1/3} = (5.98\times 10^{-5}Re_{p\infty})^{1/3}$$

第4章 場の中での粒子と粉体の挙動

$$x = \frac{\mu}{\rho_\mathrm{f}} \frac{Re_\mathrm{p\infty}}{u_\infty} = \frac{0.001}{998} \frac{Re_\mathrm{p\infty}}{u_\infty} = 1.00 \times 10^{-6} \frac{Re_\mathrm{p\infty}}{u_\infty}$$

<u>空気中を沈降する場合</u>

$Re_\mathrm{p\infty} < 1000$ ；

$$u_\infty = \left\{ \frac{4}{3} \frac{(3000-1.21) \times 18.2 \times 10^{-6} \times 9.81}{1.21^2} \frac{Re_\mathrm{p\infty}}{4(6+Re_\mathrm{p\infty}{}^{2/3})} Re_\mathrm{p\infty} \right\}^{1/3}$$

$$= \left(0.122 \frac{Re_\mathrm{p\infty}{}^2}{6+Re_\mathrm{p\infty}{}^{2/3}} \right)^{1/3}$$

$1000 \leq Re_\mathrm{p\infty}$ ；

$$u_\infty = \left\{ \frac{4}{3} \frac{(3000-1.21) \times 18.2 \times 10^{-6} \times 9.81}{1.21^2} \frac{Re_\mathrm{p\infty}}{0.44} \right\}^{1/3} = (1.11 \times Re_\mathrm{p\infty})^{1/3}$$

$$x = \frac{18.2 \times 10^{-6}}{1.21} \frac{Re_\mathrm{p\infty}}{u_\infty} = 1.50 \times 10^{-5} \times \frac{Re_\mathrm{p\infty}}{u_\infty}$$

$10^{-6} \leq Re_\mathrm{p\infty} \leq 10^5$ の範囲で計算した結果を，図4.2に示した．

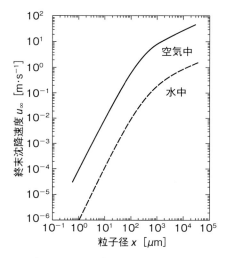

図4.2 水中および空気中の球粒子終末沈降速度

4.1 場の中での粒子の挙動

　粒子が沈降を開始してから終末沈降速度に達するまでの時間は，粒子の運動方程式 式 (4.16) を解くことにより与えられるが，遷移域から乱流域に及ぶ場合は解析的に解くことはできず，数値解析により求められる．層流域では，式 (4.16) に式 (4.5)，(4.6) を代入して整理すると次式となり，解析的に解くことができる．

$$\frac{du}{dt} + \frac{18\mu}{(\rho_p + \rho_f/2)x^2} u = \frac{\rho_p - \rho_f}{\rho_p + \rho_f/2} g \tag{4.20}$$

初速度をゼロとすると，t [s] 後の速度 u [m·s^{-1}] は次の積分式から求められる．

$$\int_0^u \frac{1}{\frac{\rho_p - \rho_f}{\rho_p + \rho_f/2} g - \frac{18\mu}{(\rho_p + \rho_f/2)x^2} u} du = \int_0^t dt$$

$$-\frac{(\rho_p + \rho_f/2)x^2}{18\mu} \left[\ln \left\{ \frac{\rho_p - \rho_f}{\rho_p + \rho_f/2} g - \frac{18\mu}{(\rho_p + \rho_f/2)x^2} u \right\} \right]_0^u = [t]_0^t$$

この式を整理すると，粒子周りの流れが層流の時の沈降速度は次式で求められる．

$$u = \frac{(\rho_p - \rho_f)gx^2}{18\mu} \left\{ 1 - \exp\left(-\frac{t}{\tau}\right) \right\} \tag{4.21}$$

　式 (4.21) で，$t \to \infty$ とすると式 (4.17) の終末沈降速度に一致する．
　ストークス則が適用できる範囲を式 (4.6) では $Re_p < 2$ としたが，図 4.3 に抗力係数の実測値とストークス則から求めた値の比較を示した[1]．実際にはどこまで誤差を許すかによってストークス則の適用範囲が決まる．したがって，ストークス則が適用できる最大粒子径 $x_{St.\,max}$ [m] は，適用範囲を $Re_p < Re_{pC}$ とし，式 (4.5)，(4.17) より u_∞ を消去した次式で与えられる．

$$x_{St.\,max} < \left\{ \frac{18\,Re_{pC}\mu^2}{(\rho_p - \rho_f)\rho_f g} \right\}^{1/3} \tag{4.22}$$

第4章 場の中での粒子と粉体の挙動

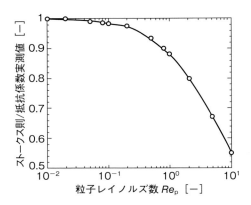

図4.3 抗力係数実測値とストークス則の比較

【例題4.2】 式 (4.22) で $Re_{pC}=2$ として，ストークス則が適用できる最大粒子径 $x_{St.\,max}$ と粒子密度の関係を，20℃ の水中と空気中について求めよ．水と空気の物性値は，例題4.1の値を用いる．

【解答】

水　中；$x_{St.\,max} < \left\{ \dfrac{18 \times 2 \times 0.001^2}{(\rho_p - 998) \times 998 \times 9.81} \right\}^{1/3} \times 10^6 = \left(\dfrac{3.67}{\rho_p - 998} \right)^{1/3} \times 10^3 \ [\mu\text{m}]$

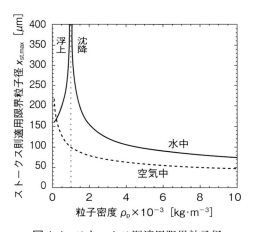

図4.4 ストークス則適用限界粒子径

空気中 ; $x_{\text{St. max}} < \left\{ \dfrac{18 \times 2 \times (18.2 \times 10^{-6})^2}{(\rho_\text{p} - 1.21) \times 1.21 \times 9.81} \right\}^{1/3} \times 10^6 = \left(\dfrac{1.000}{\rho_\text{p} - 1.21} \right)^{1/3} \times 10^3 \ [\mu\text{m}]$

図 4.4 に計算結果を図示したが，ストークス則の適用限界は水中でも空気中でも数十 μm 程度である．

【例題 4.3】 粒子の密度を 3,000 kg·m^{-3} として，例題 4.2 で求めた大きさ $x_{\text{St. max}}$ の粒子の緩和時間を水中と空気中について求めよ．

【解答】 例題 4.2 より，$x_{\text{St. max}}$ を求める．

水　中 ; $x_{\text{St. max}} = \left(\dfrac{3.67}{3000 - 998} \right)^{1/3} \times 10^3 = 122 \ [\mu\text{m}]$

空気中 ; $x_{\text{St. max}} = \left(\dfrac{1.00}{3000 - 1.21} \right)^{1/3} \times 10^3 = 69.3 \ [\mu\text{m}]$

緩和時間は式（4.13）より，

水　中 ; $\tau = \dfrac{(3000 + 998/2)}{18 \times 0.001} (0.122 \times 10^{-3})^2 = 2.89 \times 10^{-3} \ [\text{s}]$

空気中 ; $\tau = \dfrac{(3000 + 1.21/2)}{18 \times 18.2 \times 10^{-6}} (0.0693 \times 10^{-3})^2 = 4.40 \times 10^{-2} \ [\text{s}]$

このように数十 μm より小さい粒子は水中でも空気中でも瞬時に終末沈降速度に達するとしてよいし，初速を持って水平方向に打ち出された粒子は瞬時に停止すると考えてよい．

4.1.4 遠心場での粒子の運動

粒子が流体とともに角速度 ω [rad·s^{-1}] で回転している時，粒子の半径方向の運動方程式は，回転中心からの距離を r [m] とすると式（4.20）の g を $r\omega^2$ で書き換え，式（4.13）で定義される緩和時間 τ で書き改めると次式となる．

$$\tau \dfrac{du_\text{r}}{dt} + u_\text{r} = \dfrac{\rho_\text{p} - \rho_\text{f}}{18\mu} \omega^2 x^2 r \tag{4.23}$$

第4章 場の中での粒子と粉体の挙動

固液分散系で粒子径が数十 μm より小さければ，τ は無視小なので沈降速度は次式で求められる．

$$u_\mathrm{r} = \frac{\rho_\mathrm{p} - \rho_\mathrm{f}}{18\mu} x^2 r \omega^2 \tag{4.24}$$

時間 t 後の粒子の半径方向の位置 r は，粒子の初期の位置を r_0 として上式を積分すると次式で与えられる．

$$r = r_0 \exp\left(\frac{\rho_\mathrm{p} - \rho_\mathrm{f}}{18\mu} x^2 \omega^2 t\right) \tag{4.25}$$

時間が短い場合には，次式で近似できる．

$$r = r_0 \left(1 + \frac{\rho_\mathrm{p} - \rho_\mathrm{f}}{18\mu} x^2 \omega^2 t\right) = r_0 + u_{\mathrm{r}0} t \tag{4.26}$$

4.1.5 電磁場中での粒子の運動

粒子が帯電する機構で重要なものは，異種物質との接触，静電誘導，イオンや電子の衝突である．接触帯電は摩擦帯電とも呼ばれる．静電誘導による帯電では電気伝導度によって粒子の帯電状態が違ってくる．粒子を電極板上に置いて電界をかけると，静電誘導によって分極を起こし，電極との接触面には電極と反対の電荷が集まり，電極と反対側の面には電極と同種の電荷が集まる．絶縁体の場合は分極するだけで粒子全体の電荷量に変化はないが，伝導体の場合には粒子と電極の間の抵抗が小さいため，分極した電荷が電極に流れて粒子には電極と同種の電荷が残り帯電する．

q [C] に帯電した粒子を電界強度 E [V·m^{-1}] または [N·C^{-1}] の電場中に置くと，粒子に働く外力は次式となる．

$$F = qE \tag{4.27}$$

粒子の運動がストークス則に従う時，定常状態における粒子の移動速度 u_e は，式 (4.10) と式 (4.27) より次式で与えられる．

$$u_\mathrm{e} = \frac{q}{3\pi\mu x} E = Z_\mathrm{p} E \tag{4.28}$$

ここで，$Z_p\,[\mathrm{m^2\cdot V^{-1}\cdot s^{-1}}]$ は電気移動度と呼ばれる．

磁気においては電荷と異なり，N 極と S 極をそれぞれ単独に切り離すことはできない．したがって，磁場に置かれた物質は磁場の強さに応じて分極し，磁気モーメントを形成して磁化される．強さ $H\,[\mathrm{A\cdot m^{-1}}]$ の磁場に体積 $v\,[\mathrm{m^3}]$ の粒子を置くと，粒子は磁場によって磁化される．粒子の磁気モーメントの強さ $B\,[\mathrm{Wb\cdot m}]$ は次式で与えられる．

$$B = \chi v H \tag{4.29}$$

ここで，χ は帯磁率または磁化率と呼ばれ，式（4.29）では透磁率と同じ $[\mathrm{kg\cdot m\cdot C^{-2}}]$ の次元を持つ．$\chi<0$ の物質は反磁性体と呼ばれ，外部磁場とは逆向きに磁化される物質である．$0<\chi$ の物質は常磁性体で，外部磁場の方向に磁化される．外部磁場がない状態で磁気モーメントを形成している物質を強磁性体と呼ぶ．物質の磁気的性質は電子の配列によって決まるので，化学組成だけでなく結晶構造も大きな影響を及ぼす．

磁場は粒子を磁化するだけで力は及ぼさず，磁場勾配 $\mathrm{d}H/\mathrm{d}L$ の存在によって次式で表される力が発生する．

$$F = \chi v H \left(\frac{\mathrm{d}H}{\mathrm{d}L}\right) = B\left(\frac{\mathrm{d}H}{\mathrm{d}L}\right) \tag{4.30}$$

4.1.6 複数の外力を受ける粒子の運動方程式

実際の粉体操作では重力場と電場のように，粒子に対して複数の外力が作用することが少なくない．その場合には，粒子の運動方程式 式（4.3）をベクトル表示すればよい．

$$\frac{\pi}{6}x^3\left(\rho_\mathrm{p}+\frac{1}{2}\rho_\mathrm{f}\right)\frac{\mathrm{d}\vec{u}}{\mathrm{d}t} = \vec{F} - C_\mathrm{D}\frac{\pi}{4}x^2\frac{\rho_\mathrm{f}\vec{u}^2}{2} \tag{4.31}$$

$$\vec{F} = \sum_{i=1}^{n}\vec{F}_i \tag{4.32}$$

【例題 4.4】 電荷を帯びた直径 $x\,[\mathrm{m}]$ で密度が $\rho_\mathrm{p}\,[\mathrm{kg\cdot m^{-3}}]$ の微小油滴を，

鉛直方向に電界を形成した静止空気中で沈降させたところ，電界強度が E [V·m^{-1}] の時油滴は静止した．油滴の電荷量 q [C] を求めよ．ただし下向きを正とする．

【解答】 油滴に作用する力が釣り合っているので，

$$\frac{\pi}{6} x^3 \rho_p g + qE = 0$$

よって $q = -\dfrac{\pi x^3 \rho_p g}{6E}$

4.1.7 粒子形状が粒子の運動に及ぼす影響

粒子が非球形の場合，形状の影響は次式で定義される動力学的形状係数（dynamic shape factor）κ で補正される．

$$\kappa = \frac{\text{粒子と同密度同体積球の沈降速度}}{\text{実際の粒子の沈降速度}} \tag{4.33}$$

層流域において，非球形粒子の大きさは，密度が同じで終末沈降速度が等しくなる球形粒子で置き換えることができる．その球粒子の径を，沈降相当径も

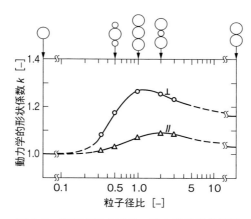

図 4.5　異形直鎖 3 連球の動力学的形状係数
（球の中心を結ぶ軸が，⊥は重力に垂直，//は平行）

しくはストークス径 x_{St} とし，非球形粒子の体積相当径を x_V とすると，式 (4.33) は次のように書き換えられる．

$$\kappa = \frac{x_V{}^2}{x_{St}{}^2} \tag{4.34}$$

κ は一般に 1 より大きな値となるが，回転楕円体などでは沈降時の姿勢により，1 より小さくなる場合もある．モデル連球の実測例を図 4.5 に示した[2]．

4.1.8 気体圧力が粒子の運動に及ぼす影響

気体中の粒子運動で，粒子が小さくなったり気体の圧力が下がって，粒子の大きさが気体分子の平均自由行程と同程度あるいはそれ以下になると，粒子周りの媒体は連続体と見なせなくなり，流体抗力 R はストークスの抵抗則による予測値よりも小さくなるため，次式のようにカニンガム (Cunningham) のすべり補正係数 C_C による補正が必要になる．

$$R = \frac{3\pi\mu x u}{C_C} \tag{4.35}$$

この補正係数は，圧力 P [kPa] の空気中にある粒子径 x [μm] の固体粒子に対しては，次式[3]で与えられる．

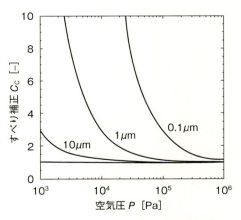

図 4.6　カニンガムのすべり補正係数

第4章　場の中での粒子と粉体の挙動

$$C_{\mathrm{c}} = 1 + \frac{1}{xP}\{15.39 + 7.518\exp(-0.0741\,xP)\} \tag{4.36}$$

図4.6に式（4.36）の計算例を示した．図から明らかなように常圧（100 kPa）付近では，1 μm 程度以下の粒子に対しては補正が必要である．また気体分子の平均自由行程 λ と粒子径の比で定義されるクヌーセン（Knudsen）数 $K_{\mathrm{n}} = \lambda/x$ を用いた次の式が提案されている．

$$C_{\mathrm{c}} = 1 + K_{\mathrm{n}}\left\{1.142 + 0.558\exp\left(\frac{-0.999}{K_{\mathrm{n}}}\right)\right\} \tag{4.37}$$

4.1.9　粒子内空隙が粒子の運動に及ぼす影響

顆粒体や凝集体のように内部に空隙を持つ多孔質粒子の場合は，粒子密度を補正しなければならない．粒子内部の空隙率を ε_{p} [−] とし，その空隙が全て流体で満たされていると仮定すると，粒子のかさ密度 ρ_{pb} [kg·m^{-3}] は次式で求められ，沈降挙動の解析にはこの密度を用いなければならない．

$$\rho_{\mathrm{pb}} = (1 - \varepsilon_{\mathrm{p}})\rho_{\mathrm{p}} + \varepsilon_{\mathrm{p}}\rho_{\mathrm{f}} \tag{4.38}$$

内部の空隙が全て流体で満たされている多孔質粒子の終末沈降速度は，式（4.38）を式（4.17）に代入して求められる．

$$u_{\infty} = \frac{(1-\varepsilon_{\mathrm{p}})(\rho_{\mathrm{p}}-\rho_{\mathrm{f}})g}{18\mu}x^2 \tag{4.39}$$

4.1.10　粒子濃度が粒子の沈降挙動に及ぼす影響

粒子の運動方程式　式（4.3）は，粒子が無限流体中に1個だけあることが前提になっている．したがって，壁近くの粒子や，粒子濃度が増加して粒子同士が接近すると，式（4.3）は成立しなくなる．また，沈降挙動では粒子同士の干渉に加えて，沈降する粒子と同体積の流体が上昇するので沈降速度は遅くなる．重力場で，1個の粒子が無限流体中を沈降する場合を自由沈降と呼び，粒子が流体中に均一に分散して互いに影響を及ぼし合いながら沈降する場合を干渉沈降と呼んで区別される．

層流域において，シュタイナー（Steinour）[4]は理論的な考察と実験より，粒子群の空間率（＝1－体積濃度）を ε として粒子の干渉沈降速度 u_c を次式で表した．

$$u_c = u_\infty \varepsilon^2 10^{-1.82(1-\varepsilon)} \tag{4.40}$$

また，実験式として次の式が提案されている．

$$u_c = u_\infty \varepsilon^n \tag{4.41}$$

リチャードソンとザキ（Richardson–Zaki）[5]は実験より $n=4.65$ を報告している．さらに，ハッペル（Happel）[6]は理論的に次式を導いた．

$$u_c = u_\infty \frac{3 - 4.5(1-\varepsilon)^{1/3} + 4.5(1-\varepsilon)^{5/3} - 3(1-\varepsilon)^2}{3 + 2(1-\varepsilon)^{5/3}} \tag{4.42}$$

ここで，u_∞ は式（4.17）で与えられる自由沈降時の終末沈降速度である．図4.7に u_c/u_∞ と ε の関係を示した．

一方，粒子が流体中に不均一に分散する場合，例えば清澄な水に高濃度の粒子懸濁液を滴下する場合，粒子は自由沈降よりもはるかに速い速度で沈降する．このような挙動は現象が複雑であり，まだ十分解明されていない．

沈降管を傾けると粒子の沈降を促進する効果がある．医師のボイコット（Boycott）が血沈試験で見いだしたため，ボイコット効果と呼ばれる．図4.8に示

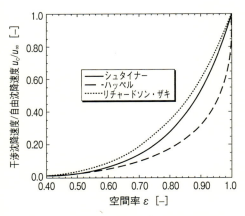

図4.7　干渉沈降速度式の計算結果

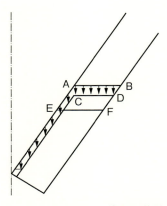

図4.8　ボイコット効果の説明

すように傾斜管内で粒子が沈降すると，壁近傍の密度が低くなり，水平方向に密度分布を生じる．粒子は密度分布をなくす方向に流れ，結果として沈降界面はEFとなり，沈降管が鉛直の場合のCD面より下に位置する．この現象は直管に限らず，三角フラスコのように傾斜した面の下方では必ず起こる現象である．

4.1.11 ブラウン拡散と泳動

流体中の粒子には絶えず流体分子が衝突している．粒子が大きい場合，分子は全方向から粒子に均等に衝突するとみなせるため，流体分子の衝突は静圧として粒子に作用し，分子の衝突によって粒子が運動することはない．しかし粒子の大きさが1μm程度以下になると，分子の衝突は均等でなくなるため，粒子は分子の衝突によって運動をする．分子が衝突する方向は瞬間瞬間で異なるため，同じ位置からスタートした粒子は，全ての方向に均等に広がって行くように見える．このような粒子の運動をブラウン拡散（Brownian diffusion）と呼ぶ．

粒子はどちらの方向にも同じ確率でランダムに移動するので，粒子の変位量$\vec{r}$ [m] の全粒子について平均$\langle \vec{r} \rangle$はゼロになり，粒子の拡散挙動を記述することができない．そこで変位量の絶対値の平均となる2乗平均$\langle \vec{r}^2 \rangle$を取ると，$t$ [s] 後の粒子の2乗平均変位量は次式によって粒子の拡散係数D [m^2·s^{-1}] と関係づけられる．

$$\langle \vec{r}^2 \rangle = 2Dt \tag{4.43}$$

また，Dは次式により算出できる．

$$D = \frac{kT}{3\pi\mu x} \tag{4.44}$$

ここでkはボルツマン定数1.38×10^{-23} J·K^{-1}，T [K] は温度，気体中粒子の場合は分子は$C_\mathrm{c}kT$となる．

粒子を温度勾配のある場に置くと高温側の分子運動が激しくなり，多く分子が衝突するために，粒子は低温側へと移動する．このような現象を熱泳動（thermophoresis）と呼ぶ．その他に，流体の濃度勾配に起因する拡散泳動，光泳動，電気泳動などの泳動挙動がある．

4.1.12 水中における微粒子の挙動

酸化物粒子の表面は，一般に大気中の水蒸気と反応してできたヒドロキシル基（OH 基）によって覆われているため，M を任意の金属元素とすると，水中の酸化物粒子は次の反応に示すように pH によって正にも負にも帯電する．

$$酸\ \ 側 ; M\text{--}OH + H^+ \rightarrow MOH_2^+ \tag{4.45}$$

$$塩基側 ; M\text{--}OH + OH^- \rightarrow M\text{--}O^- + H_2O \tag{4.46}$$

酸化物以外の粒子も，いくつかの帯電機構により液体中ではほとんどの場合，電荷を帯びている．粒子の帯電による効果は，ζ（ゼータ）電位によって表される．

同符号の電荷を帯びた粒子が接近すると，粒子には静電反発力とファンデルワールス（van der Waals）引力が作用する．粒子がさらに電子雲が重なり合うまで接近すると，逆に強い反発力が作用する．したがって，粒子にはこの3つの力が重なり合って作用している．図 4.9 は粒子間の相互作用を，粒子間ポテンシャル ϕ [J] によって表したものである．粒子間に働く力 F [N] は，粒子表面からの距離を r [m] とすると，$F = -d\phi/dr$ つまりポテンシャル曲線の傾きで，$0 < d\phi/dr$ で引力，$d\phi/dr < 0$ で反発力となる．ポテンシャル曲線は，pH や塩の添加によって変化する．図 4.9 に3つの典型的な例を示した．図

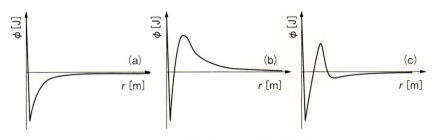

図 4.9　粒子間ポテンシャル

4.9(a)では，電子雲が重なり始めるごく接近領域を除く全ての領域で $0<d\phi/dr$ のため，粒子には接近するほど強い引力が作用し，このような粒子分散系では粒子は直ちに強く凝集する．図4.9(b)では，粒子が接近するとまず反発力が作用するために凝集しにくい．しかし，ポテンシャルの山を越えるようなエネルギーを外部から粒子に与えると，粒子は強く凝集する．図4.9(c)では，ポテンシャルが第2極小を持つため，接近した粒子は第2極小での位置で安定し，極小値が小さいために軟らかい凝集体を形成する．外部からのエネルギーによってポテンシャルの山を越え，第1極小に落ちると強い凝集体を形成する．このようなポテンシャル曲線は，DLVO（Derjaguin, Landau, Verwey, Overbeek）理論より計算される．

4.2 場を使った分離・分級操作

粒子を空気や水などの流体から分離回収あるいは除去したり，粉体を粒子径に代表されるような物性の違いによって分ける操作は，工業上大変重要な操作である．

本節では，まず分離・分級の精度の表し方について説明し，分離・分級技術について述べる．分離・分級操作は一般に乾式と湿式に分けて説明されることが多いが，それらの原理は同じなので，ここでは乾式・湿式に分けずに原理別に説明する．

流体中の粒子の運動を利用して分級する粒子径は数十 μm 以下なので，特にことわりがない限り，流体抗力はストークス則により与えられるものとする．

4.2.1 分離効率

粉体を任意の粒子径で分ける操作のように，物理的性質が連続的に変化している物質を分ける操作を分級という．これに対して明らかに性質の違う物質を分けることを分離と呼んでいる．ゴミの分別も分離である．実操業においては混合物質を完全に各成分に分離，分級することは不可能である．そこで何らかの方法で分離機の精度あるいは性能を表示する必要がある．

1） ニュートン（Newton）効率

総合的な分離効率を表すのがニュートン効率である．いま，図 4.10 に示すように粒子 A（○）と粒子 B（●）からなる粉体 F を粉体 A と粉体 B に分離するプロセスを考える．粉体の質量をそれぞれ F, A, B [kg]，粉体 F, A, B 中の粒子 A の含有率をそれぞれ C_F, C_A, C_B [-] として，粒子 A を粉体 A として回収する際の分離効率を考える．

$$\text{粒子 A の回収率}: r_A = \frac{C_A A}{C_F F} \tag{4.47}$$

第4章　場の中での粒子と粉体の挙動

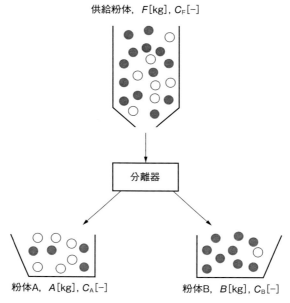

図 4.10　2 成分粉体の分離

$$粒子Bの混入率：q_A = \frac{(1-C_A)A}{(1-C_F)F} \quad (4.48)$$

この時のニュートン効率 η_N は式（4.49）で定義される．

$$\eta_N = r_A - q_A \quad (4.49)$$

図 4.11 に示すように実際の分離器を，粒子 A と粒子 B に完全分離する理想分離器と，全く分離しないで通過させるバイパスの組み合わせと考える．粒子 A を F_A [kg]，粒子 B を F_B [kg] 含む供給粉体 F [kg] を，質量割合で a だけ理想分離器を通し残りはバイパスを通すとする．完全分離器を通った粉体中の A 粒子 aF_A [kg] は粉体 A に，B 粒子 aF_B [kg] は粉体 B にそれぞれ回収されるとする．またバイパスを通った粉体のうち質量割合で β が粉体 A として回収され，残りは粉体 B として回収されるとすると，粒子 A の回収率 r_A は $a + \beta - a\beta$，粒子 B の混入率 q_A は $\beta - a\beta$ となるので，式（4.49）よりニュー

4.2 場を使った分離・分級操作

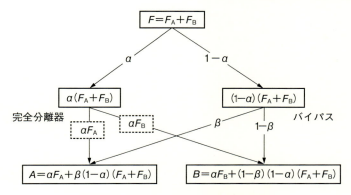

図 4.11 ニュートン効率の物理的意味

トン効率は $\eta_N = r_A - q_A = a$ となる．すなわちニュートン効率は，供給粉体のうち理想分離器を通った質量割合を表している．

また，図 4.10 の物質収支を取ると次式が成立する．

$$F = A + B \tag{4.50}$$

粒子 A についての物質収支は，

$$C_F F = C_A A + C_B B \tag{4.51}$$

これより粒子 A の回収率 r_A は次式となる．

$$r_A = \frac{C_A}{C_F} \frac{C_F - C_B}{C_A - C_B} \tag{4.52}$$

$$q_A = \frac{(1 - C_A)(C_F - C_B)}{(1 - C_F)(C_A - C_B)} \tag{4.53}$$

式 (4.52)，(4.53) を式 (4.49) に代入して整理すると，ニュートン効率は次式となる．

$$\eta_N = \frac{(C_F - C_B)(C_A - C_F)}{C_F(1 - C_F)(C_A - C_B)} \tag{4.54}$$

式 (4.54) を用いると，供給量などを秤量する必要がなく，含有率だけから η_N を計算できる．

第4章　場の中での粒子と粉体の挙動

【例題 4.5】 粒子Bに着目してもニュートン効率は式（4.54）で与えられることを示せ．また，ニュートン効率は，$\eta_N = r_A + r_B - 1$ によっても求められることを示せ．

【解答】

粒子Bの回収率は $r_B = \dfrac{(1-C_B)B}{(1-C_F)F}$，粒子Aの混入率は $q_B = \dfrac{C_B B}{C_F F}$．式（4.50），（4.51）より $\dfrac{B}{F} = \dfrac{C_A - C_F}{C_A - C_B}$．

よって，

$$\eta_N = r_B - q_B = \left(\frac{1-C_B}{1-C_F}\right)\left(\frac{C_A - C_F}{C_A - C_B}\right) - \frac{C_B}{C_F}\left(\frac{C_A - C_F}{C_A - C_B}\right)$$

$$= \frac{(C_F - C_B)(C_A - C_F)}{C_F(1-C_F)(C_A - C_B)}$$

また，

$$r_A + r_B - 1 = \frac{C_A}{C_F}\left(\frac{C_F - C_B}{C_A - C_B}\right) + \frac{(1-C_B)(C_A - C_F)}{(1-C_F)(C_A - C_B)} - 1$$

$$= \frac{(C_F - C_B)(C_A - C_F)}{C_F(C_A - C_B)(1-C_F)}$$

以上より，$q_A = 1 - r_B$，$q_B = 1 - r_A$ であることがわかる．

2) 部分分離（分級）効率

粒子径や比重あるいは化学成分などにより粉体特性が，連続的に分布する場合には，ある特性をいくつかの区分に分け，区分ごとの分離・分級精度を表示することを部分分離（分級）効率という．原料粉体を粒子の大きさによって分級し，粗粉を回収する場合を考えてみる．分級器に入る粉体のある粒子径範囲 $x_i \sim x_i + \Delta x$ の粉体の質量を $f_i \Delta x$ [kg] として，回収された質量を $p_i \Delta x$ [kg] とすると，この粒子径範囲の回収率 η_i は次式となる．

$$\eta_i = \frac{p_i}{f_i} \tag{4.55}$$

4.2 場を使った分離・分級操作

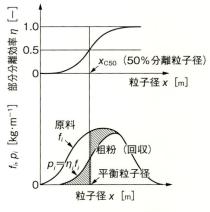

図 4.12 部分分級効率

式 (4.55) は粒子径範囲によって変化し，これが部分分離（分級）効率である．部分分離効率を粒子径に対してプロットとして得られる曲線が部分分離効率曲線であり，トロンプ（Tromp）曲線とも呼ばれている．

粒子径 x_c で理想的な分離が行われると，$x < x_c$ では $\eta = 0$，$x_c \leq x$ では $\eta = 1$ となる．この x_c を分離粒子径と呼ぶ．しかし，現実には図 4.12 に示すように分離効率は部分分級効率曲線によって表される．この場合，粗粒子側へ 50%，微粒子側へ 50% と等分される粒子径を 50% 分離粒子径と呼び，分離（分級）粒子径として用いられる．また，粗粒子側の微粒子量と微粒子側の粗粒子量が等しくなる粒子径を平衡粒子径と呼び，同様に分離粒子径として用いられる．

4.2.2 ふるい分け

第 2 章の粒子径分布の測定で述べたように，ふるい分けは図 4.13 に示すようにふるい網を通過する粉体と，網上に残る粉体とに分ける分級操作である．この場合，目開き a が分離径となる．目開きは数十 cm から 3 μm までと非常に広く，数十 μm より大きな粒子では最も多用されている分級方法である．各種の工業で用いられるふるい機の種類は多く，それぞれの目的によって使い分けられている[7]．また，ふるい分け操作は混入異物の除去などにも用いられて

第4章 場の中での粒子と粉体の挙動

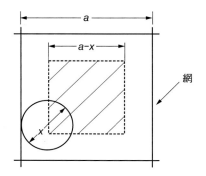

図4.13 ゴーダンのふるい分けモデル

いる.

粒子は網目上で運動することによりふるい分けられるため，粒子に運動を与える方法により，振動ふるい，面内ふるい，回転ふるい，流体を用いて粒子に運動を与えるふるい機に大別できる．さらに付着性が大きくなる微粒子域では，水中で分散を行いながらふるい分ける湿式ふるい分けが行われる．ふるい分け精度は，処理量，粉体の性質などにより影響を受けるが，一般にはふるい分け時間は5～10分程度である.

目開きaの網目を粒子径xの粒子が，通過できる状態を図4.13に示した．粒子径xの球粒子が目開きaを通過する確率Pは，図中の点線で囲まれた斜線部の面積割合で定義されるので，次式で与えられる．

$$P = \frac{(a-x)^2}{a^2} = \left(1 - \frac{x}{a}\right)^2 \tag{4.56}$$

同じ大きさの粒子N個が1回ふるい分けられる時，式（4.56）を用いてふるい上に残る粒子個数n_1を計算すると次式となる．

$$n_1 = N(1-P) \tag{4.57}$$

このふるい上に残ったn_1個の粒子をもう一度ふるい分けて，ふるい上に残る粒子個数n_2は次式となる．

$$n_2 = N(1-P)^2 \tag{4.58}$$

同様なことをi回繰り返してもふるい上に残る粒子個数n_iは次式となる．

4.2 場を使った分離・分級操作

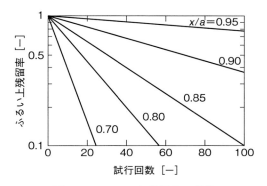

図 4.14 ふるい上残留率の変化

$$n_i = N(1-P)^i \tag{4.59}$$

この時ふるい上に残留する割合 β_i は，式（4.56）から次式となる．

$$\beta_i = \frac{N(1-P)^i}{N} = (1-P)^i = \left\{1-\left(\frac{a-x}{a}\right)^2\right\}^i \tag{4.60}$$

この i は試行数と呼ばれているが，ふるい分け時間に相当すると考えてよい．以上は，直径が x の球粒子を正方形の網目でふるい分ける時のモデル計算である．β_i は残留率を表すので式（4.60）の対数を取り，x/a をパラメータにしてふるい上残留率を表したのが図 4.14 である．現実には，網目は正方形だけではなく，また粒子の形は複雑であり，式（4.60）が十分適用できるとはいえないが，ふるい分け過程を説明するのに用いられる．

4.2.3 重力を利用した分離・分級

重力沈降を利用した分離・分級装置は構造が簡単で，乾式，湿式どちらの分級にも用いられている．粒子の沈降挙動は粒子の濃度や粒子間力などによって異なり，粒子同士の衝突が無視できるほど粒子濃度が低いか，衝突が多少あっても粒子間に反発力が働く場合，粒子は凝集せずに個々の粒子（1次粒子）単位で沈降する．それに対して，粒子濃度が高い場合は粒子間に反発力が働いていても凝集することが多く，粒子は1次粒子として個々に沈降することなく凝

集体を単位として沈降するため，粒子濃度が低い場合とは全く違った沈降挙動を示す．したがって，ここでは希薄系と濃厚系に分けて説明する．

1) 希薄系

最も簡単な方法は，試料粉体を水に分散してよく撹拌したのち，一定時間 t [s] だけ静置し，深さ h [m] の位置で液を排出する方法で，時間 t 後に深さ h に存在し得る最大粒子径 x_c [m] は，式 (4.17) より次式で表されるので，排出液から x_c より大きな粒子を取り除くことができる．

$$x_c = \sqrt{\frac{18\mu}{(\rho_p - \rho_f)g} \frac{h}{t}} \tag{4.61}$$

この方法は回分操作であるが，流体を鉛直上方に流すことにより，連続運転が可能となる．流体の上昇速度を v [m·s^{-1}] とすると，次式で求められる x_c より大きな粒子は沈降し，小さな粒子は流出する．

$$x_c = \sqrt{\frac{18\mu}{(\rho_p - \rho_f)g} v} \tag{4.62}$$

流体に水を用いる操作は水簸（すいひ），空気を用いる操作は風篩（ふうし）と呼ばれる．水簸は操作が簡単で分級精度が高いため，窯業原料の調製や研磨剤の分級などに用いられている．

粒子の沈降速度は粒子径と密度によって決まるため，密度の異なる複数成分の粉体を分離・分級しようとすると問題を生じる．いま粒子密度が $\rho_{pA} > \rho_{pB}$ なる粉体 A, B を考える．終末沈降速度が等しくなる A, B 両粒子の大きさ x_A と x_B の関係は，式 (4.17)〜(4.19) より次式で表される．

$$\frac{x_A}{x_B} = \left(\frac{\rho_{pB} - \rho_f}{\rho_{pA} - \rho_f}\right)^n \tag{4.63}$$

ここで n の値は，層流域では $n = 1/2$，遷移域では $n = 2/3$ および乱流域では $n = 1$ となる．粒子径比 x_A/x_B は等速落下比と呼ばれ，粉体 A 中の最小粒子径と粉体 B 中の最大粒子径の比がこの値よりも大きくなければ，完全な分離は原理的に不可能である．

4.2 場を使った分離・分級操作

【例題 4.6】 沈降相当粒子径が 1 cm 以下の銅とプラスチックの混合物粉体を,水中での終末沈降速度差を利用して分離したい.分離回収できないそれぞれの粒子径範囲を求めよ.ただし,銅とプラスチックの密度はそれぞれ,8.9×10^3,1.5×10^3 kg·m^{-3} とし,流体抗力にはニュートンの抵抗則が適用されるものとする.

【解答】 ニュートン則が適用されるので式(4.63)において
$$n = 1, \quad \rho_f = 10^3 \text{ kg·m}^{-3}$$
として等速落下比を計算すると,
$$\frac{(1.5 - 1.0) \times 10^3}{(8.9 - 1.0) \times 10^3} = 0.0633$$
となるので,1 cm のプラスチック粒子と 0.633 mm の銅粒子の沈降速度が等しいことになる.したがって 0.633 mm より大きな銅粒子は単独に分離して回収できるが,プラスチックの中には必ず 0.633 mm より小さな銅粒子が混じることになる.したがって,全てのプラスチック粒子と 0.633 mm より小さい銅粒子が,分離回収できないことになる.

式(4.63)において ρ_f を ρ_{pB} に近づけると,分離可能な粒子径範囲を広げることできる.このように密度の高い液体(重液)を用いる沈降分離操作を重液分離(dense medium separation)と呼ぶ.沈降媒体には四塩化炭素などの重液だけでなく,微粒子懸濁液も擬重液として用いることができる.

粒子が非定常状態で加速度運動をし,かつ流体抗力 R が無視できるほど粒子の速度が小さい時,粒子の運動方程式は式(4.3),(4.16)より次式となる.

$$\frac{\pi}{6} x^3 \left(\rho_p + \frac{1}{2} \rho_f \right) \frac{du}{dt} \fallingdotseq \frac{\pi}{6} x^3 (\rho_p - \rho_f) g \quad (4.64)$$

整理すれば,粒子の加速度は次式で示すように密度だけの関数となる.

$$\frac{du}{dt} \fallingdotseq \frac{(\rho_p - \rho_f) g}{\rho_p + \rho_f / 2} \quad (4.65)$$

第4章　場の中での粒子と粉体の挙動

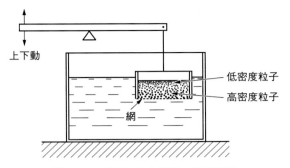

図4.15　ジグによる粒子の比重分離

　したがって，ごく短時間で沈降を終了する操作を繰り返し行えば，粒子の大きさと無関係に密度差による分離が可能となる．図4.15に示したジグはこの原理による比重分離装置で，選鉱操作に古くから用いられている．式(4.65)からわかるように，流体の密度が分離したい粒子密度に近いほど有効で，流体密度が無視できるほど小さい固気系では，粒子密度によらず常に$du/dt=g$となるため適用できない．

　重力沈降が乾式分級に用いられることはまれで，粗い粒子を沈降により分離するのに用いられることが多く，重力沈降を利用した分離装置は主分離装置の負荷を下げるためのプレダスターとして用いられる．最も簡単なものは沈降箱であるが，ここでは平行平板の間隔と長さによって分離径の制御が可能な，平行平板タイプについて説明する．長さL [m]，幅W [m]の平板をD [m]の間隔を空けて水平にn枚重ね，流速vで粒子を含んだ流体を流す．平板間の流速分布を無視すると，粒子の滞留時間はL/vとなる．したがって，粒子の沈降速度が$D/(L/v)$より大きな粒子は平板上に堆積し取り除かれる．分離粒子径x_c，処理能力Q [m³·s⁻¹]は次式で与えられる．

$$x_c = \sqrt{\frac{18\mu}{(\rho_p - \rho_f)g} \frac{D}{L} v} \tag{4.66}$$

$$Q = (n-1)DWv \tag{4.67}$$

【例題 4.7】 大気中の粉塵濃度を測定する装置に，ローボリュームエアサンプラーがある．サンプラー処理量は $30\,l\cdot\text{min}^{-1}$ である．長さ $10\,\text{cm}$ の平板 11 枚を $1\,\text{cm}$ 間隔で重ねて，$10\,\mu\text{m}$ 以上の粒子をカットしたい．平板の幅と流速を求めよ．ただし，粒子密度は $10^3\,\text{kg}\cdot\text{m}^{-3}$，空気の粘度は $18.2\,\mu\text{Pa}\cdot\text{s}$ とする．

【解答】 空気の密度は無視できるので式（4.66）より，

$$10 \times 10^{-6} = \sqrt{\frac{18 \times 18.2 \times 10^{-6}}{10^3 \times 9.81} \frac{10^{-2}}{10 \times 10^{-2}} v} \quad \therefore\ v = 2.99\,\text{cm}\cdot\text{s}^{-1}$$

式（4.67）より，

$$\frac{30 \times 10^{-3}}{60} = (11-1)\cdot 10^{-2}\cdot W\cdot v \quad \therefore\ W\cdot v = 5 \times 10^{-3}$$

したがって，

$$W = \frac{5 \times 10^{-3}}{2.99 \times 10^{-2}} = 16.7\,[\text{cm}]$$

2）濃厚系

固気系においては粒子間反発力を制御することが難しいため，乾式操作で微粒子の濃度を高めることは困難である．一方，固液系の場合は 4.1.12「水中における微粒子の挙動」（p.109）で述べたように，pH や分散剤の添加によって粒子間力を制御できるため，重力沈降を利用した濃厚系の操作は湿式で行われる．しかし濃厚系では，粒子は 1 次粒子ではなく凝集体として沈降するため，沈降挙動を利用して粒子を分級することはできず，沈降挙動は分離回収を目的として利用される．

液体中に粒子が分散懸濁しているものは，粒子懸濁液あるいはサスペンション（suspension）と呼ばれ，濃度が高くなると泥漿（でいしょう）やスラリー（slurry）と呼ばれる．スラッジ（sludge）は濃度の高いスラリーを指す場合が多い．

粒子懸濁液を沈殿濃縮し分離回収する装置はシックナー（thickener）と呼ばれる．シックナーによる濃縮操作は，沪過操作の前処理として行われること

がほとんどである.

円筒容器内で高濃度の粒子が沈降し堆積していく過程を,単分散球粒子が沈降する場合で考えてみる.体積濃度 ϕ [-] で分散している単分散球粒子の沈降速度 u_c [m·s^{-1}] は,式 (4.40)～式 (4.42) に示したように,空間率 ε ($=1-\phi$) の関数となる.全ての粒子が同じ速度で沈降するため,清澄層とスラリーの間には明瞭な界面が表れ,速度 u_c の一定速度で降下する.一方,容器底部にはスラリーと堆積層の界面が形成され,時間とともに上昇する.堆積層の濃度(充填率)を ϕ_∞ とすると,界面の上昇速度 v_∞ [m·s^{-1}] は次の単位面積当たりの物質収支式より求められる.

$$(u_c + v_\infty)\phi = v_\infty \phi_\infty \tag{4.68}$$

右辺は単位時間に堆積した粒子体積である.単位時間後に堆積層界面は $-v_\infty$ だけ上昇しているので,左辺の単位時間に沈降する粒子体積は $(u_c - v_\infty)\phi$ で与えられる.式 (4.68) より界面の上昇速度は,次式となる.

$$v_\infty = \frac{\phi}{\phi_\infty - \phi} u_c \tag{4.69}$$

沈降容器内の濃度分布と,回分沈降曲線と呼ばれる界面位置の経時変化を,図 4.16 および図 4.17 にそれぞれ示した.

次に任意濃度の界面の移動を解析するために,図 4.18 に示すような濃度 ϕ_1 と ϕ_2 のスラリーが明瞭な界面を形成して沈降している場合を考え,その界面の移動速度 v を求めてみる.粒子の沈降速度をそれぞれ u_{c1}, u_{c2} とすると,単位面積の界面を挟んで次の物質収支式が成り立つことより,v を求めることができる.

$$(u_{c1} + v)\phi_1 = (u_{c2} + v)\phi_2 \tag{4.70}$$

したがって,

$$v = \frac{u_{c1}\phi_1 - u_{c2}\phi_2}{\phi_2 - \phi_1} \tag{4.71}$$

ここで,$u_c \phi$ は単位時間に単位面積を通過する粒子体積,すなわち粒子の体積流束 (volume flux) であるので,流束を $U = u_c \phi$ [m·s^{-1}] として式 (4.71)

4.2 場を使った分離・分級操作

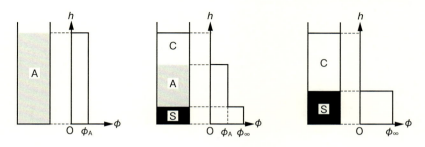

図 4.16　単分散粒子が沈降する場合の濃度分布
　　　　（C；清澄層，A；スラリー，S；堆積層）

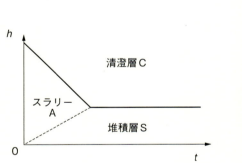

図 4.17　単分散粒子が沈降する場合の
　　　　界面位置経時変化

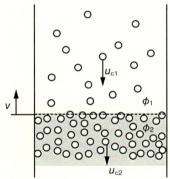

図 4.18　沈降過程における
　　　　濃度界面

を書き改めると次式となる．

$$v = \frac{U_1 - U_2}{\phi_1 - \phi_2} \tag{4.72}$$

速度と流束を粒子の終末沈降速度 u_∞ で除して無次元化すると，式（4.72）は次式に書き改められる．

第4章　場の中での粒子と粉体の挙動

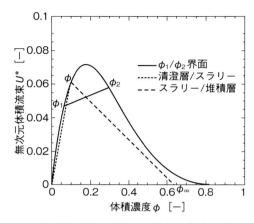

図4.19　単分散粒子が沈降する場合の無次元粒子流束

$$v^* = \frac{U_1^* - U_2^*}{\phi_2 - \phi_1} \tag{4.73}$$

スラリー中の粒子沈降速度が，式（4.41）で与えられるとすると，無次元流束 U^* は次式となる．

$$U^* = \phi(1-\phi)^n \tag{4.74}$$

式（4.74）にリチャードソン・ザキの実験値 $n = 4.65$ を代入すると図4.19が得られる．式（4.73）から明らかなとおり，界面の移動速度は図中実線の傾きと終末沈降速度から求められる．

また，清澄層とスラリー界面移動速度は式（4.71）で $\phi_1 = 0$，スラリーと堆積層界面では $\phi_2 = \phi_\infty$，$u_{c2} = 0$ と置くと求められ，それぞれ図4.19中の破線の傾きとなる．スラリー中に濃度分布がある場合，濃度 ϕ の面の移動速度は，式（4.73）を微分式にした次式で与えられる．

$$v^*(\phi) = \frac{dU^*}{d\phi} \tag{4.75}$$

同じ無次元体積流束分布を持つスラリーAとスラリーBを濃度 ϕ_0 に調製して回分沈降試験をしたところ，**図4.20**に示すように充填率が $\phi_{\infty A}$，$\phi_{\infty B}$ の堆積層がそれぞれ得られたとすると，この時の沈降堆積過程は図4.20より次の

4.2 場を使った分離・分級操作

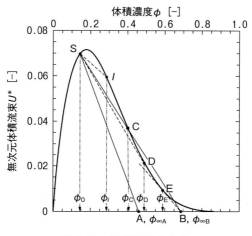

図4.20 遷移層形成条件

ように考えることができる.

濃度一定で沈降してきた粒子が堆積層(沈降開始時は沈降管底部)近傍に達すると粒子は堆積層に接近して,スラリー濃度は堆積層充填率まで上昇し堆積層を形成する.スラリーAの場合,堆積層($\phi_0/\phi_{\infty A}$界面)の上昇速度は式(4.73)で$U_2^*=0$として与えられるので線分$\overline{\text{SA}}$の|傾き|(傾きの絶対値)となる.一方,堆積層近傍でスラリー濃度ϕ_iはϕ_0から$\phi_{\infty A}$まで変化するので,ϕ_0/ϕ_i界面の上昇速度が$\phi_0/\phi_{\infty A}$界面の上昇速度を上回ることがあれば,$\phi_0/\phi_{\infty A}$界面は形成されないことになる.図4.20から明らかなとおり,線分$\overline{\text{SI}}$の|傾き|はϕ_0から$\phi_{\infty A}$までの範囲で線分$\overline{\text{SA}}$の|傾き|小さいので,ϕ_0/ϕ_i界面は形成されることなく堆積層は上昇していくので,沈降管内の濃度分布は図4.16,界面位置経時変化は図4.17のようになる.

スラリーBの場合は,線分$\overline{\text{SB}}$が流束曲線と交差するので,以下のようにスラリーAとは異なる沈降堆積挙動をとる.いま点Sから引いた直線が流束曲線に接する点をDとして線分$\overline{\text{SI}}$と線分$\overline{\text{SB}}$の|傾き|比べてみると,交点C($\phi_i=\phi_C$)までは線分$\overline{\text{SB}}$の|傾き|は線分$\overline{\text{SI}}$の|傾き|より大きいのでϕ_0/ϕ_i界面は形成されない.しかし点Cを過ぎると線分$\overline{\text{SI}}$の|傾き|は大きくな

125

第4章　場の中での粒子と粉体の挙動

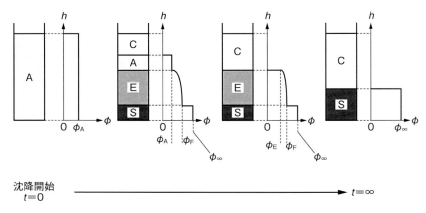

図4.21　単分散粒子が遷移層を形成して沈降する場合の濃度分布
　　　　（C；清澄層，A；スラリー，E；遷移層，S；堆積層）

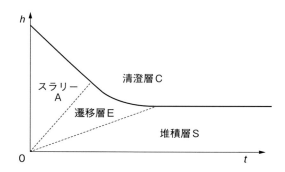

図4.22　単分散粒子が遷移層を形成して沈降する場合の界面位置経時変化

っていき，点Dで最大値となるので，まずϕ_0/ϕ_D界面（スラリー／遷移層）が形成される．点Dを過ぎる（$\phi_i > \phi_D$）と，線分$\overline{DB}$の｜傾き｜は点Iでの接線の｜傾き｜より小さいので，濃度ϕ_iの面は点Iでの接線の｜傾き｜の速度で上昇する．点Eを過ぎる（$\phi_i > \phi_E$）と，線分$\overline{EB}$の｜傾き｜は点Iでの接線の｜傾き｜より大きくなるので，$\phi_E/\phi_{\infty B}$界面（遷移層／堆積層）形成されることになる．したがって，スラリーBの場合の沈降管内濃度分布は**図4.21**，界面位置経時変化は**図4.22**のようになる．

4.2 場を使った分離・分級操作

【例題 4.8】 終末沈降速度が $1\times 10^{-5}\,\mathrm{m\cdot s^{-1}}$ の単分散粒子のスラリーを，鉛直円筒容器内で沈降させた．粒子の干渉沈降速度は $n=4.65$ とした式（4.41）で与えられるとして，次の問に答えよ．

1) スラリーの体積濃度を 0.1 として，清澄層／スラリー界面の移動速度を求めよ．
2) 堆積物の充填率を 0.55 として，スラリー／堆積層界面の移動速度を求めよ．
3) 沈降開始 1 時間後の容器内濃度分布を描け．
4) 堆積物の充填率が 0.55 の時，スラリーと堆積層の間に遷移層を形成するスラリー初期濃度を求めよ．

【解答】

1) 式（4.73），（4.74）より，$v_1{}^* = \dfrac{0 - 0.1(1-0.1)^{4.65}}{0 - 0.1} = 0.613$

$v_1 = u_\infty v_1{}^* = 10^{-5} \times 0.613 = 6.13 \times 10^{-6}\,[\mathrm{m\cdot s^{-1}}]$

2) 式（4.71）で $u_{c2}=0$，$u_{c1}=v_1$ より，$v_2 = \dfrac{6.13 \times 10^{-6} \times 0.1}{0.1 - 0.55}$

$= -1.36 \times 10^{-6}\,[\mathrm{m\cdot s^{-1}}]$

3) 図 4.19 で，$U^*(0.1)$ と $U^*(0.55)$ の 2 点を結ぶ直線は，無次元粒子流束曲線と交わらないので，濃度分布を持つ遷移層は形成されず，沈降容器内には，清澄層，スラリー層，堆積層だけが存在する．

清澄層／スラリー層界面深さ；$v_1 \times 3600 = 6.13 \times 3.6 \times 10^{-6+3}$

$= 22.1\,[\mathrm{mm}]$

スラリー層／堆積層界面高さ；$|v_2| \times 3600 = 1.36 \times 3.6 \times 10^{-6+3}$

$= 4.90\,[\mathrm{mm}]$

4) 図 4.19 で，点 (0.55, 0) を通るいかなる直線も無次元粒子流束曲線とは 1 点でしか交わらない．したがっていかなる初期濃度においても，遷移層はできない．

第4章 場の中での粒子と粉体の挙動

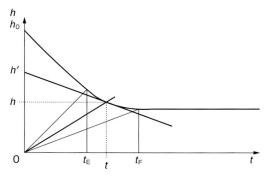

図 4.23　回分沈降曲線の解析

スラリー中の粒子に大きさの違いがあり，粒子間の反発力が強い時は，大きい粒子ほど速く沈降するため粒子濃度は容器上部ほど薄くなり，はっきりした界面は認められない．それに対して粒子間に引力が働く時粒子が凝集し始めると，容器上部には清澄層が形成され集合沈降層との間にはっきりとした界面を形成する．このような沈降挙動は集合沈降（collective subsidence）と呼ばれ，粒子濃度が高く，粒子が小さく，粒子間引力が強いほど集合沈降になりやすい．粒子濃度がそれほど高くない場合や沈降初期には，集合沈降層の上部に微細粒子の自由沈降層が見られる場合がある．このような沈降挙動は成相沈降（phase subsidence）と呼ばれる．

実験によって直接求められる回分沈降曲線（図 4.23）から，粒子濃度と沈降速度の関係を求めるのがキンチ（Kynch）の理論である．スラリーが清澄層と接している場合は，界面の沈降速度は一定で回分沈降曲線は直線となる．堆積層が清澄層と接した時に界面沈降速度はゼロになるので，遷移層が清澄層に接している場合，すなわち図 4.20 における BC の間だけを考えればよい．いま，濃度 ϕ なる遷移層内のある面の移動速度を考える．式（4.75）より，

$$v(\phi) = \frac{\mathrm{d}U}{\mathrm{d}\phi} = \frac{\phi \mathrm{d}u_\mathrm{c} + u_\mathrm{c}\mathrm{d}\phi}{\mathrm{d}\phi} = \phi\frac{\mathrm{d}u_\mathrm{c}}{\mathrm{d}\phi} + u_\mathrm{c} < 0 \qquad (4.77)$$

式（4.77）より，濃度 ϕ の面は沈降容器底部より一定速度で上昇することがわかる．したがって，この上昇速度はまた図 4.23 より次式で求められる．

4.2 場を使った分離・分級操作

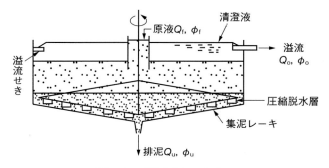

図 4.24 連続式シックナー

$$v(\phi) = \frac{h}{t} \tag{4.78}$$

この濃度 ϕ の面が容器底部から清澄層界面まで上昇する間に，全ての粒子がこの界面を通過するので，スラリーの初期濃度を ϕ_0，初期高さを h_0 とすると，単位面積に対して次の物質収支式が成立する．

$$(u_c + v)\phi t = \phi_0 h_0 \tag{4.79}$$

濃度 ϕ の面が清澄層に接している時，界面の沈降速度と粒子の沈降速度は等しくなるので，式 (4.79) の u_c は図 4.23 より次式で求められる．

$$u_c = \frac{h' - h}{t} \tag{4.80}$$

式 (4.78)，(4.80) を式 (4.79) に代入すると，

$$\phi = \frac{h_0}{h'} \phi_0 \tag{4.81}$$

となるので，濃度 ϕ と粒子の沈降速度 u_c の関係が，回分沈降曲線より得られることになる．

沈殿濃縮装置はシックナーと呼ばれ，図 4.24 に示す円筒円錐形槽で，直径数 m から数十 m に達するものもある．定常運転時に，粒子濃度 ϕ_f [−]，流量 Q_f [m$^3 \cdot$s^{-1}] の原液が流入し，外周より ϕ_o [−]，Q_o [m$^3 \cdot$s^{-1}] の溢(いつ)流液，底部より ϕ_u [−]，Q_u [m$^3 \cdot$s^{-1}] の堆積物が排出される時，円筒の断面積 A [m^2]

は次のようにして決定される．濃度 ϕ [－] の層の体積流束は次式となる．

$$U = \phi \left(u_\mathrm{c} + \frac{Q_\mathrm{u}}{A} \right) \tag{4.82}$$

シックナー内では濃度分布を持つが，全ての濃度（シックナー内の位置）の体積流量が排出流量以上でなければならない．よって，次式を得る．

$$UA \geq \phi_\mathrm{u} Q_\mathrm{u} \tag{4.83}$$

式（4.82）を式（4.83）に代入して整理をすると，

$$A \geq \frac{Q_\mathrm{u}(\phi_\mathrm{u} - \phi)}{u_\mathrm{c} \phi} \tag{4.84}$$

また溢流中の粒子濃度は無視できるため，$\phi_\mathrm{f} Q_\mathrm{f} \fallingdotseq \phi_\mathrm{u} Q_\mathrm{u}$ とすることができるので，次式が成り立つ．

$$A \geq \frac{Q_\mathrm{f} \phi_\mathrm{f}}{u_\mathrm{c}} \left(\frac{1}{\phi} - \frac{1}{\phi_\mathrm{u}} \right) \tag{4.85}$$

したがって，回分沈降曲線より濃度 ϕ を ϕ_f から ϕ_u の範囲で式（4.85）の右辺を計算すると，その最大値がシックナーの最小断面積となる．

4.2.4 慣性および遠心力を利用した分離・分級

1）慣性分離・分級

粒子を含む流体の流れ方向を障害物により急激に変えると，粒子は慣性力のため流れに追随できず，流れから分離される．慣性の強さは，粒子停止距離 L_∞ [m] と障害物の代表寸法 d_ob [m] の比で定義されるストークス数 Stk [－] で表される．式(4.13), (4.15)より，u [m·s^{-1}] を粒子速度とすると，Stk は次式となる．

$$Stk = \frac{u(\rho_\mathrm{p} + \rho_\mathrm{f}/2)x^2}{18 \mu d_\mathrm{ob}} \tag{4.86}$$

空気と水の粘度 μ はそれぞれ 1.8×10^{-5}, 10^{-3} Pa·s であるため，この原理に基づく装置は，図 4.25 に示したルーバー型集塵機のように，主に乾式で粗粒子の分離に用いられることが多い．

4.2 場を使った分離・分級操作

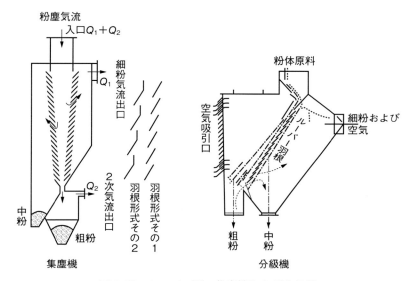

図 4.25 ルーバー型の集塵機および分級機

粒子を障害物に衝突させて捕集する場合は，流速を上げ障害物の寸法を小さくすることで Stk を大きくすることができるので，微粒子の捕集も可能となる．障害物による捕集効率 η_o [－] は，流れ方向の障害物断面積に対する捕集される粒子を含む障害物前方の流れの断面積の比として定義され，一般的な障害物の η_o は表 4.1 のように表される．ここで限界粒子軌跡は，粒子の重心が障害物に衝突する一番内側の流線である．この限界粒子軌跡の外側の粒子でも，粒子の大きさのために障害物によってさえぎられ捕集される．この分離捕集機構はさえぎりと呼ばれ，次式で定義されるさえぎりパラメータ I [－] によって評価される．

$$I = \frac{x}{d_{ob}} \tag{4.87}$$

含塵気流をノズルから高速で平板に吹き付けるカスケードインパクター（図4.26）は，粉塵の粒子径分布測定などに用いられる．4.2.5 で説明する粒子や繊維の充填層による内部沪過では，衝突とさえぎりによる捕集が重要な役割を

第4章 場の中での粒子と粉体の挙動

表4.1 粒子の限界軌跡と捕集効率

形状	流線と限界粒子軌跡	分離効率
球		$\left(\dfrac{X}{d_{ob}}\right)^2$
円筒		$\dfrac{X}{d_{ob}}$
リボン		$\dfrac{X}{d_{ob}}$
円板		$\left(\dfrac{X}{d_{ob}}\right)^2$
円形ジェット		$\left(\dfrac{X}{D}\right)^2$
長方形ジェット		$\dfrac{X}{D}$

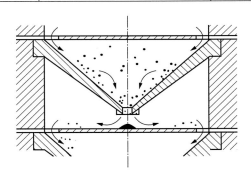

図4.26 カスケードインパクター

果たしている．

含塵気流を洗浄水と接触させて気流中の粒子を捕集する洗浄集塵（scrubber）も，慣性力を利用した集塵操作である．気流と洗浄水を接触させる方法

には，洗浄水中に気流を吹き込む方法と，ベンチュリー管などを用いて気流と洗浄水液滴を高速で衝突させる方法がある．

2) 遠心分離・分級

粒子は流体の旋回運動によって遠心力を受けるが，流体を旋回運動させる方法として，円筒状の分級室に流体を外周より接線流として流入させる方法と，分級室内の羽根などで流体を旋回させる方法および分級室を回転させる方法の3つがある．

粒子を含む流体を外周より接線流として分級機に流入させるタイプでは，粒子が分離・分級されたのち流体は中心部より排出される．したがって図4.27に示すように，半径 r [m] の位置における流体の接線および半径方向速度を，それぞれ v_t [m·s^{-1}], v_r [m·s^{-1}] とすると，流れに乗っている粒子には，中心方向に向かって流体抗力 R [N] が作用する．

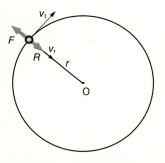

図4.27 遠心分級の原理

$$R = -3\pi\mu v_r x \qquad (4.88)$$

また角速度 $\omega = v_t/r$ [rad·s^{-1}] より，粒子には半径方向に遠心力 F [N] が作用する．

$$F = \frac{\pi}{6}x^3(\rho_p - \rho_f)r\omega^2 = \frac{\pi}{6}x^3(\rho_p - \rho_f)\frac{v_t^2}{r} \qquad (4.89)$$

したがって，$R+F=0$ となる分離粒子径 x_c [m] は次式となる．

$$x_c = \sqrt{\frac{18\mu r v_r}{(\rho_p - \rho_f)v_t^2}} \qquad (4.90)$$

$x_c < x$ の粒子は遠心力によって外壁方向に，$x < x_c$ の粒子は流体抗力により中心部に移動する．

半径方向速度 v_r は単位時間当たりの流入量を Q [m^3·s^{-1}] とし，分級機円筒の高さを H [m] とすると，次の収支式より求められる．

第4章 場の中での粒子と粉体の挙動

$$Q = 2\pi r H v_r \tag{4.91}$$

よって,

$$v_r = \frac{Q}{2\pi r H} \tag{4.92}$$

一方,接線方向速度 v_t は,分級機円筒内に回転羽根などがある場合は,角速度 ω [rad·s^{-1}] で回転する羽根によって強制的に回転させられるため,次式となる.

$$v_t = r\omega \tag{4.93}$$

このような渦は強制渦と呼ばれる.回転羽根などがない場合は強制渦とはならず,一般に v_t と r の関係は次式で与えられる.

$$v_t r^n = \text{const.} \tag{4.94}$$

$n=-1$ となる渦が強制渦で,$n=1$ となる渦は自由渦と呼ばれ,台風や竜巻と同じ渦である.$n<1$ の渦は準自由渦と呼ばれる.

【例題 4.9】 強制渦と自由渦を想定して分離粒子径 x_c を導出し,どちらの渦が分級機に適しているか考察せよ.ただし半径方向速度 v_r は式 (4.91) で与えられるものとする.

【解答】 式 (4.90) に式 (4.92) を代入すると,$x_c \propto \dfrac{1}{v_t}$.したがって,強制渦では $v_t \propto r$ より,$x_c \propto \dfrac{1}{r}$.一方,自由渦では $v_t \propto \dfrac{1}{r}$ より,$x_c \propto r$ となる.図 4.28 に示したように,強制渦内では粒子が分級機内に滞留することはないが,自由渦の場合は,中心部あるいは外周部に移動しても,遠心力=流体抗力となる位置が存在するため,粒子はその位置に滞留することになる.

このことより,分級機の渦はできるだけ強制渦に近づけることが望ましい.また自由渦の場合は,粒子が滞留しないような装置構造にするなどの工夫が必要である.

4.2 場を使った分離・分級操作

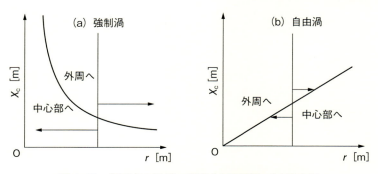

図4.28　渦流内の粒子の運動(a)強制渦, (b)自由渦

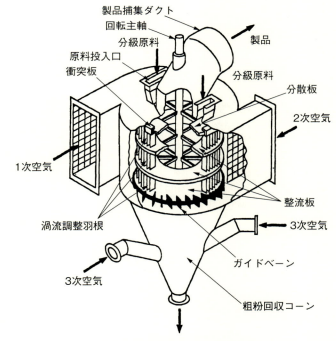

図4.29　大量処理分級機（O-SEPA）

　強制渦型分級機の例として，セメントクリンカーの分級に用いられる大量処理分級機を図4.29に，微粉分級機を図4.30に示す．

第4章　場の中での粒子と粉体の挙動

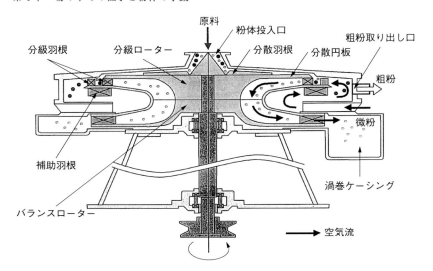

図4.30　微粉分級機（ターボクラシファイア）

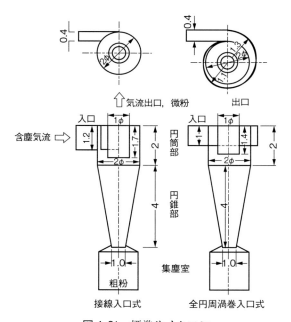

図4.31　標準サイクロン

4.2 場を使った分離・分級操作

　自由渦型分級機の代表例はサイクロンで，湿式と乾式どちらにも用いられる．図 4.31 に乾式の標準サイクロンを示した．接線方向から流入した気流は，円筒壁に沿って旋回流として下降し，円錐部では接線方向速度を増しながら下降し続け，円錐下端部で反転上昇し，出口管より排出される．遠心力によって壁面に移動した粒子は，壁面をすべり落ち円錐下部の集塵室に捕集される．サイクロン内の接線方向流速分布を図 4.32 に示したが，強制渦となっている中心部を除いて，式 (4.94) で $n = 0.5 \sim 0.9$ の半自由渦となっている．サイクロンの直径を小さくすると分離粒子径も小さくなるが，サイクロンの仕様が様々

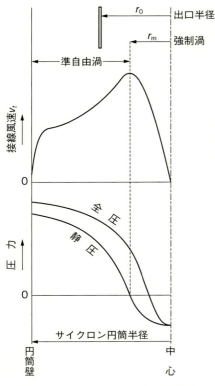

図 4.32　サイクロン円筒部の接線方向速度と圧力の分布

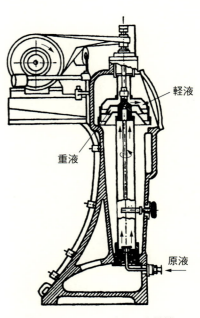

図 4.33　シャープレス分離機

第4章　場の中での粒子と粉体の挙動

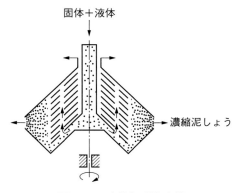

図 4.34　分離板型遠心機

でかつ内部の流れも複雑であるため，分級性能を予測するためには，計算機シミュレーション[8]に頼らなければならない．

　湿式サイクロン（液体サイクロン）の基本構造は乾式サイクロンと同じであるが，液体と粒子の密度差が小さく沈降速度が遅いため，サイクロン下部からも液を抜き粗粒子を回収する．サイクロン下部からも懸濁液が抜かれるので，微粒子が粗粒子回収側に混じることになる．また中心部では静圧が蒸気圧以下に下がるため，気柱を生じることも乾式サイクロンと異なる点である．

　分級室を流体とともに回転させる遠心沈降機は，重力加速度の数百から数十万倍の高い遠心加速度を作り出すことができるため，懸濁液中の微粒子の分離や密度差の小さい液-液エマルジョンの分離に用いられる．遠心沈降機には円筒形，分離板形，デカンターの3つの種類がある．それぞれの代表例を，図 4.33〜図 4.35 に示した．

4.2.5　沪過・集塵

　流体透過性の沪材（filter）に粒子を含む流体を透過させ，粒子を全て捕集することを目的とする操作を沪過（filtration）と呼ぶ．固-気系では沪過集塵と呼ばれている．粒子の捕集機構は，ケーク沪過（cake filtration）と内部沪過（inner filtration）の2つに大別される．ケーク沪過では，沪材面上に捕集

4.2 場を使った分離・分級操作

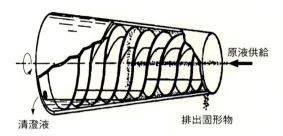

図4.35 デカンター

堆積された粒子層であるケークが沪材として機能し粒子を捕集する沪過で，沪滓（さい）沪過あるいは表面沪過とも呼ばれる．ケーク沪過では，工業的には沪材として沪布が用いられることが多い．それに対して内部沪過では，粒子は沪材で捕集され，沪材沪過もしくは深層沪過とも呼ばれる．沪過の進行にともない沪材内の粒子量が増してくると，沪材表面にケークが形成され，沪過機構は内部沪過からケーク沪過へと移行する．内部沪過は，粒子濃度の低いサスペンションや含塵気流の清澄を目的として行われる．粒子や繊維の充填層が，内部沪過の沪材として用いられることが多い．

1) ケーク沪過

湿式ケーク沪過：スラリー沪過の進行は次のように記述される．図4.36に示すように体積濃度 ϕ [-] のスラリーを，流体抵抗が R_m [m^{-1}]，断面積が 1 m^2 の沪材を用いて，圧力 P [Pa] で沪過する場合を考える．沪過開始から t [s] の間に沪過された沪液量を V [m]，ケーク厚さを L [m] とし，ケークは均質でその単位厚さ当たりの流体抵抗を r_c

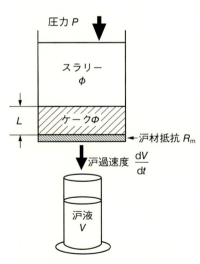

図4.36 沪過進行過程

[m^{-2}] とすると，沪過圧力 P と流速 dV/dt の関係は次のように書くことができる．

$$P = (R_m + r_c L) \mu \frac{dV}{dt} \tag{4.95}$$

ここで，μ [Pa·s] は沪液の粘度である．

ケーク内の粒子は，沪液とケーク内の液に含まれていた粒子であり，次の収支式が成り立つ．

$$\Phi L = \phi(V + L) \tag{4.96}$$

よって，次の関係式を得る．

$$L = \frac{\phi}{\Phi - \phi} V \tag{4.97}$$

式（4.97）を式（4.95）に代入して，次の沪過の基礎式を得る．

$$P = \left(R_m + r_c \frac{\phi}{\Phi - \phi} V\right) \mu \frac{dV}{dt} \tag{4.98}$$

沪過圧力が一定の定圧沪過を考える．式（4.98）を書き換えると，

$$\frac{dt}{dV} = \frac{\mu R_m}{P} + \frac{\mu r_c}{P} \frac{\phi}{\Phi - \phi} V \tag{4.99}$$

式（4.99）を，式（4.100）で定義される係数 K [m^2·s^{-1}] を用いて，書き改めると式（4.101）を得る．

$$\frac{2}{K} = \frac{\mu r_c}{P} \frac{\phi}{\Phi - \phi} \tag{4.100}$$

$$\frac{dt}{dV} = \frac{2}{K}(V + V_m) \tag{4.101}$$

ここで，V_m [m] は仮想沪液量あるいは相当沪液量と呼ばれるもので，次式で与えられる．

$$V_m = \frac{K}{2} \frac{\mu R_m}{P} \tag{4.102}$$

V_m は沪材と同じ抵抗を持つケークを形成するのに必要な沪液量で，沪材抵

抗を仮想の沪液量で置き換えることができる．したがって，dt/dV を V に対してプロットすることにより，直線の勾配と切片から K と V_m を求めることができる．

式（4.101）を $0\sim t$, $0\sim V$ で積分すると，
$$Kt = V^2 + 2V_m V \tag{4.103}$$
変形して次式を得る．
$$\frac{t}{V} = \frac{V}{K} + \frac{2V_m}{K} \tag{4.104}$$

したがって，t/V を V に対してプロットすることにより，直線の勾配と切片から K と V_m を求めることができる．

仮想沪液量を得る仮想沪過時間は，抵抗ゼロの理想沪材を用いて V_m の沪液を得る時間であるから，式（4.101）で $V_m = 0$ とし，$0\sim t_m$, $0\sim V_m$ で積分すると，$t_m = V_m^2/K$ となるので，式（4.103）は次式のように書き改められる．
$$(V + V_m)^2 = K(t + t_m) \tag{4.105}$$

式（4.101），（4.104），（4.105）はいずれも同じ基礎式より得られた解であるが，式（4.101）はその時刻における沪過速度と沪液量の関係，式（4.104）は平均沪過速度と沪液量の関係，式（4.105）は沪液量の経時変化をそれぞれ表している．

一定速度で沪過する（定速沪過）の場合は，dt/dV 一定なので式（4.99）から P は V の1次式で関係づけられる．多くの場合沪材抵抗は無視できるので，定速沪過の場合は沪液量に比例して沪過圧力を増加させなければならない．

基礎式である式（4.99）は体積濃度で記述してあるが，実際の操作では質量濃度で表す方が便利なので，スラリーの粒子質量濃度 s [-]，空隙が沪液で満たされた湿ったケーク質量の乾燥ケーク質量に対する比（湿乾質量比）である m [-] を用いて式を書き改める．

乾燥ケーク質量を w [kg] とすると，w は次式で与えられる．
$$w = \Phi L \rho_p \tag{4.106}$$
これより，ケークの流体抵抗 R_c [m^{-1}] は $R_c = r_c L$ なので，

第4章　場の中での粒子と粉体の挙動

$$R_\mathrm{c} = \frac{r_\mathrm{c}}{\Phi \rho_\mathrm{p}} w \tag{4.107}$$

となり，乾燥ケーク質量に比例することがわかる．

ここで，比例定数が平均沪過比抵抗 $a_\mathrm{av}\,[\mathrm{m \cdot kg^{-1}}]$ として定義される．

$$a_\mathrm{av} = \frac{r_\mathrm{c}}{\Phi \rho_\mathrm{p}} \tag{4.108}$$

a_av は，ケークの沪過抵抗を表す重要な特性値である．

また乾燥ケーク質量 w と，湿ったケーク質量 mw と沪液量 $V\rho_\mathrm{f}$ の和の比は，スラリーの粒子質量濃度 s となるので次式を得る．

$$s = \frac{w}{mw + V\rho_\mathrm{f}} \tag{4.109}$$

式 (4.107)〜式 (4.109) より，ケーク抵抗 R_c は最終的に次式で与えられる．

$$R_\mathrm{c} = a_\mathrm{av} \frac{s\rho_\mathrm{f}}{1-ms} V \tag{4.110}$$

式 (4.100) を式 (4.97) と式 $R_\mathrm{c} = r_\mathrm{c} L$ を使って書き換えると，

$$\frac{2}{K} = \frac{\mu}{P} R_\mathrm{c} \frac{1}{V} \tag{4.111}$$

これに式 (4.110) を代入すると，係数 K は次のように書き改められルース (Ruth) の定圧沪過係数と呼ばれる．

$$K = \frac{2P}{\mu \rho_\mathrm{f}} \frac{1-ms}{s a_\mathrm{av}} \tag{4.112}$$

式 (4.101) に式 (4.112) を代入すると，式 (4.113) で表されるルースの定圧沪過速度式を得る．

$$\frac{\mathrm{d}t}{\mathrm{d}V} = \frac{\mu \rho_\mathrm{f}}{P} \frac{s a_\mathrm{av}}{1-ms} (V + V_\mathrm{m}) \tag{4.113}$$

相当沪液量 V_m と仮想沪過時間 t_m はそれぞれ次式で与えられる．

$$V_\mathrm{m} = \frac{R_\mathrm{m}}{\rho_\mathrm{f}} \frac{1-ms}{s a_\mathrm{av}} \tag{4.114}$$

4.2 場を使った分離・分級操作

$$t_\mathrm{m} = \frac{\mu R_\mathrm{m}^2}{2\rho_\mathrm{f} P} \frac{1-ms}{s a_\mathrm{av}} \tag{4.115}$$

ケークの流体抵抗（沪過抵抗）r_c は，コゼニー・カルマン式（p.185）によって次式のように求められる．

$$r_\mathrm{c} = 5 S_\mathrm{v}^2 \frac{\Phi^2}{(1-\Phi)^3} \tag{4.116}$$

ここで，S_v [m^{-1}] は粒子の体積基準比表面積である．

【例題 4.10】 一定圧力を作用させて CaCO$_3$ スラリーの沪過試験を行い，下記の測定結果を得た．

沪液量 Q [m^3]	0.600×10^{-3}	1.20×10^{-3}	2.00×10^{-3}	2.60×10^{-3}
沪過時間 t [s]	8.70	23.7	56.4	89.3

沪過試験器の直径 $D = 20$ cm，沪過圧力は $P = 200$ kPa，スラリー濃度は $s = 0.0723$，CaCO$_3$ 粒子の真密度は $\rho_\mathrm{p} = 2.93 \times 10^3$ kg·m^{-3}，沪液の水の密度は $\rho_\mathrm{f} = 0.998 \times 10^3$ kg·m^{-3}，粘度は $\mu = 1.00$ mPa·s，乾燥ケークのかさ密度は $\rho_\mathrm{c} = 1.60 \times 10^3$ kg·m^{-3} であるとき次の問に答えよ．

1) ケークの充填率 Φ と湿乾質量比 m を求めよ．
2) 式（4.101），（4.104）により沪過の進行過程を表せ．
3) 平均沪過比抵抗 a_av，沪材抵抗 R_m を求めよ．
4) （4.105）により沪過の進行過程を表せ．

【解答】

1) $\rho_\mathrm{c} = \Phi \rho_\mathrm{p}$ より，$\Phi = \dfrac{1.60}{2.93} = 0.546$．

$$m = \frac{\rho_\mathrm{c} + (1-\Phi)\rho_\mathrm{f}}{\rho_\mathrm{c}} = \frac{1.60 \times 10^3 + 0.454 \times 10^3}{1.60 \times 10^3} = 1.28$$

2) 沪液量 Q [m^3] を，次式を用いて単位断面積当たりの沪液量 V [m] に換算する．

第4章 場の中での粒子と粉体の挙動

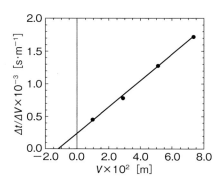

図 4.37 V に対する dt/dV のプロット例

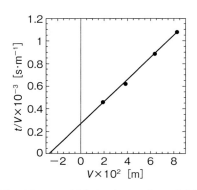

図 4.38 V に対する t/V のプロット例

$$V = \frac{Q}{\pi D^2/4} = \frac{Q}{3.14 \times 0.20^2/4} = 31.85\,Q$$

Q [m³]	0.600×10^{-3}	1.20×10^{-3}	2.00×10^{-3}	2.60×10^{-3}
V [m]	1.91×10^{-2}	3.82×10^{-2}	6.37×10^{-2}	8.28×10^{-2}
V の区間代表値	0.955×10^{-2}	2.87×10^{-2}	5.10×10^{-2}	7.33×10^{-2}
Δt [s]	8.70	15.0	32.7	32.9
$\Delta t/\Delta V$ [s·m⁻¹]	4.55×10^2	7.85×10^2	12.8×10^2	17.2×10^2

前表より,$\Delta t/\Delta V$ vs. V は図 4.37,t/V vs. V は図 4.38 となる.

3) 式 (4.112) より,

$$a_{av} = \frac{2P}{\mu\rho_f}\frac{1-ms}{s}\frac{1}{K} = \frac{2\times 2\times 10^5}{10^{-3}\times 998}\frac{1-1.28\times 0.0723}{0.0723}\frac{1}{K} = 5.03\times 10^6 \frac{1}{K}$$

図 4.38 より $K = 1.01\times 10^{-4}$ m²·s⁻¹,よって.$a_{av} = 4.98\times 10^{10}$ m·kg⁻¹.

同じく図 4.38 より,$V_m = 1.30\times 10^{-2}$ m.

式 (4.102) より,$R_m = \dfrac{2P}{\mu K}V_m = \dfrac{2\times 2\times 10^5}{10^{-3}\times 1.01\times 10^{-4}}\times 1.30\times 10^{-2} = 5.15\times 10^{10}$ m⁻¹.

4) 仮想濾過時間 $t_m = V_m^2/K$ より,$t_m = 1.67$ s.

次表より,$(V+V_m)^2$ vs. t は図 4.39 となる.

4.2 場を使った分離・分級操作

$t + t_m$ [s]	10.4	25.4	58.1	91
$(V + V_m)^2$ [m²]	1.03×10^{-3}	2.62×10^{-3}	5.88×10^{-3}	9.18×10^{-3}

これまで a_{av} が沪過圧力によらず一定の非圧縮性ケークを対象にしてきたが，圧縮性ケークの場合は，次の実験式によって a_{av} が表される．

$$a_{av} = a_0 + a_1(P - P_m)^n \quad (4.116)$$
$$a_{av} = a_1(P - P_m)^n \quad (4.117)$$

ここで，P_m [Pa] は沪材部における圧力損失．

工業用沪過器は，圧力のかけ方によ

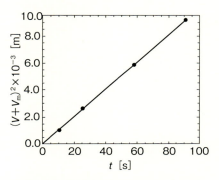

図4.39 t に対する V^2 のプロット例

表4.2 沪過装置の種類とおもな用途

加圧・沪過器	回分式	フィルタープレス （filter press） 加圧葉状沪過器〔図4.42参照〕 （shell-and-leaf filter）	顔料や塗料の沪過と洗浄 ビスコースの清澄化 石油の脱ろう粘土の沪過 細かい粉末の高圧沪過と洗浄
	連続式	回転円筒式 回転円板式	高温沪過，蒸気圧の高い溶剤処理
真空沪過器	回分式	ヌッチェ（Nutsche） 葉状沪過器（leaf filter）	実験用ないしパイロットプラント用 顔料の沪過と洗浄
	連続式	回転円筒形 （rotary-drum filter） （oliver filter） 〔図4.41参照〕	底部給液 　細かい結晶やスラッジの沪過，洗浄 頂部給液 　あらい結晶の沪過と乾燥
		回転円板形 垂直円板（American filter） 水平円板 オリバー水平形	原液濃度が高い時 あらい結晶
		水平バンド形	細かいものが沪過できる

第4章 場の中での粒子と粉体の挙動

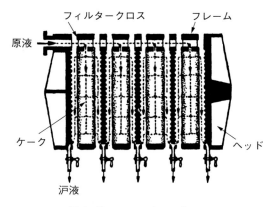

図4.40 フィルタープレス

って重力式,加圧式,真空式,遠心式に分けられる.そのうち広く使われている加圧式と真空式沪過器の種類と用途を,表4.2に示した.代表的な回分式加圧沪過器であるフィルタープレスを図4.40に,連続真空沪過器の構造と沪過機構を図4.41に,連続加圧沪過器に用いられる沪葉の断面構造を図4.42にそれぞれ示した.

乾式沪過集塵:ケーク沪過における湿式と乾式の違いは,流体が液体(水)であるか気体(空気)であるかに加えて,ケーク沪過の対象となるスラリーの体積濃度は%オーダー,それに対して微粒子懸濁気体であるエアロゾル(aerosol)の体積濃度はppmオーダーと,濃度に1万倍程度の違いがある.したがって,粒子の捕集機構は同じであるが,湿式と乾式の沪過では異なった技術展開がなされている.

ケーク沪過により粒子を捕集する集塵装置は,バグフィルター(bag filter, fabric filter)と呼ばれる.バグフィルターは,吊り下げられた袋状の沪布に含塵気流を透過し沪布により粒子を捕集する装置で,捕集堆積粒子による圧力損失を低下させるために,周期的に払い落としを行い流速の低下を防いでいる.真新しい沪布では集塵の初期に内部沪過によって粒子は捕集されるが,沪布内部に侵入した粒子は払い落とし操作では取れないので,粒子はケーク沪過によ

4.2 場を使った分離・分級操作

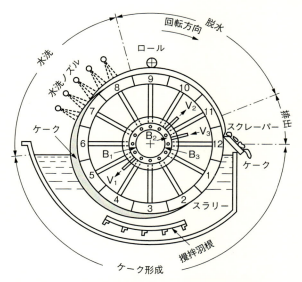

図4.41 回転円筒形真空濾過機の作動機構

り捕集されると考えてよい．装置構造および取り扱いが簡単で集塵率も高いため，排ガス洗浄だけでなく有用粉体の回収などにも広く使用されている．

装置の性能は集塵効率 η [-] と圧力損失 ΔP [Pa] によって評価される．η は，0℃，1気圧に換算した装置入口・出口での乾きガス基準の粉塵濃度 C_i，C_o [kg·m$_N^{-3}$] から次のように計算される．

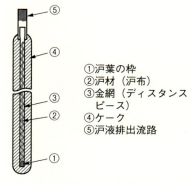

図4.42 濾葉の断面

① 濾葉の枠
② 濾材（濾布）
③ 金網（ディスタンスピース）
④ ケーク
⑤ 濾液排出流路

$$\eta = \frac{C_i - C_o}{C_i} \tag{4.118}$$

ΔP は堆積粉塵量 w [kg·m^{-2}]，濾過速度 u [m·s^{-1}] に対して次式のように与えられる．

第4章 場の中での粒子と粉体の挙動

$$\Delta P = (\zeta_0 + wa)\mu u \tag{4.119}$$

ここで μ は気体粘度 [Pa·s], ζ_0 は濾布抵抗係数 [m^{-1}], a は堆積粉塵層比抵抗 [m·kg^{-1}] で, 粉塵の比表面積と密度および粉塵層の充填率がわかれば, 式 (4.116) から計算することもできる.

バグフィルターは払い落とし方式により, 機械的振動, 逆圧, パルスジェットに分類される. 図 4.43 に逆圧払い落としの例を示したが, 機械的振動と逆圧では払い落とし時に気流を遮断して集塵を中断する必要があるので, 連続運転を可能にするため, 集塵機内はいくつかの室に分けられている. これに対して, 一部のバグにのみ逆噴流を瞬間的に与え払い落としを行うパルスジェット方式では, 集塵を中断する必要がなく, 多室構造にしなくとも連続運転が可能である.

濾布には織布と不織布がある. フェルトを主とする不織布は濾過速度を大きく取れることから, パルスジェット払い落としと組み合わせで広く用いられるようになってきた.

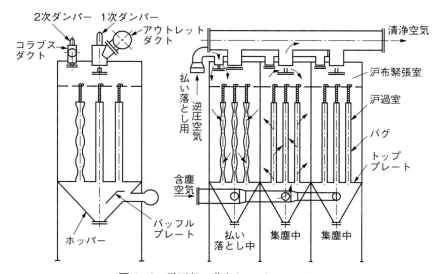

図 4.43 逆圧払い落としバグフィルター

2) 内部濾過

　内部濾過は空気の清浄化や水の清澄化などを目的として，希薄な系から粒子を分離捕集するのに利用される．濾材には粒子や繊維などの充填層が用いられ，層内の充填物間空隙は捕集される粒子よりもはるかに大きい．

　粒子は，重力，慣性，さえぎり，拡散によって充填物に衝突して捕集される．充填物1個の捕集効率 η_o [-] は次式に示すように，捕集機構を表す4つのパラメータと流れの状態を表すレイノルズ数 Re の関数となる．

$$\eta_\mathrm{o} = \eta(Re, Stk, I, G, Pe) \tag{4.120}$$

ここで，Stk は式（4.86）で定義されるストークス数，I は式（4.87）で定義されるさえぎりパラメータ，G, Pe [-] は次の式で定義される重力パラメータとペクレ（Peclet）数である．

$$G = \frac{(\rho_\mathrm{p} - \rho_\mathrm{f})gx^2}{18\mu v} = \frac{u_\infty}{v} \tag{4.121}$$

$$Pe = \frac{vd_\mathrm{ob}}{D} \tag{4.122}$$

ここで，v [m·s^{-1}] は流体の代表速度，d_ob [m] は障害物の代表寸法，D [m^2·s^{-1}] は式（4.44）で定義される拡散係数である．単一繊維による粒子の捕集効率の計算例を図 4.44[9)] に示した．この計算例では，繊維径も粒子径も小さいため，重力衝突による捕集は無視できるほど小さい．

　単一繊維の捕集効率は，以下のようにして繊維充填層の捕集効率と関係づけられる．いま断面積が 1 m^2，厚さが L [m] で充填率が ϕ [-] の繊維充填層を考える．繊維の直径を d_ob [m] とし，繊維は全て気流に直角に配列しているとすると，微小層厚さ dL に含まれる繊維長さ dl は次の関係式より求められる．

$$\phi dL = \frac{\pi}{4} d_\mathrm{ob}^2 dl \tag{4.123}$$

気流が流入する断面積は $(1-\phi)$ [m^2] で，この気流に含まれる粉塵を断面積 $d_\mathrm{ob}dl$ [m^2] 繊維が捕集効率 η_o で捕集するので，粉塵濃度を C [kg·m^{-3}] とすると，微小層厚さでの濃度変化 dC は次式で与えられる．

第4章 場の中での粒子と粉体の挙動

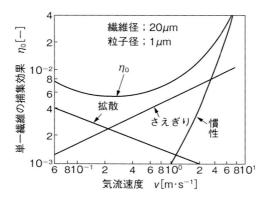

図4.44 単一繊維の捕集効率

$$dC = -\frac{\eta_o d_{ob} dl}{1-\phi} C \tag{4.124}$$

式(4.123)より式(4.124)の dl を消去すると次式となる.

$$\frac{dC}{C} = -\frac{4}{\pi}\frac{\phi}{1-\phi}\frac{\eta_o}{d_{ob}} dL \tag{4.125}$$

入口濃度を C_i とすると,厚さ L の充填層の出口粉塵濃度 C_o は式(4.125)を積分して次式で与えられる.

$$\frac{C_o}{C_i} = \exp\left(-\frac{4}{\pi}\frac{\phi}{1-\phi}\frac{L}{d_{ob}}\eta_o\right) \tag{4.126}$$

集塵装置捕集効率の定義式(4.118)より,最終的に次式を得る.

$$\eta = 1 - \exp\left(-\frac{4}{\pi}\frac{\phi}{1-\phi}\frac{L}{d_{ob}}\eta_o\right) \tag{4.127}$$

式(4.126)は k を定数として,次のように書き改めることができる.

$$\ln\left(\frac{C_o}{C_i}\right) = -kL \tag{4.128}$$

式(4.128)で示される透過率 C_o/C_i と L の関係は対数透過則(log–penetration law)と呼ばれる. k の値は充填物によって異なる.

【例題 4.11】 充填粒子の直径を d_{ob} [m] として,球粒子充填層の対数透過式を導出せよ.

【解答】 微小層厚さに含まれる充填粒子の数を dn とすると,式 (4.123) に相当する式は

$$\phi dL = \frac{\pi}{6} d_{ob}^3 dn$$

となる.また式 (4.124) に相当する式は

$$dC = -\frac{\pi d_{ob}^2}{4} \frac{\eta_0 dn}{1-\phi} C$$

となる.両式より dn を消去して整理すると,

$$\ln\left(\frac{C_o}{C_i}\right) = -\frac{3}{2} \frac{\phi}{1-\phi} \frac{L}{d_{ob}} \eta_0$$

となる.

　湿式の代表的内部泸過装置は砂泸過器で,上水道の水処理などに用いられている.乾式の内部泸過装置代表例は繊維層フィルターで,病院やビルなどの限られた空間の空気浄化を目的として広く用いられている.特に HEPA (high efficiency particulate air) フィルターや ULPA (ultra low penetration air) フィルターとして知られる高性能フィルターは,2.5 kPa の圧力損失で 0.3 μm の粒子を 99.97% 以上の効率で捕集するフィルターで,半導体産業などのクリーンルームに用いられている.

4.2.6 電磁気的性質を利用した分離

1) 静電分離

　粒子が 4.1.5 で述べたように異種物質との接触,静電誘導,イオンや電子の衝突などによって帯電する帯電現象を利用した分離法が静電分離である.

　静電分離器は,粒子の電気伝導度の差や電荷の符号の違い,帯電の難易などを利用している.図 4.45 に純静電型分離装置を示した[10].B は回転する金属

製のシリンダー状ローラーで，接地電極となっている．これに平行して細い丸棒の高圧電極Ｃ（一般には負極）があり，BC間に静電界が形成されている．ここにAより異種粒子の混合粉体が供給されると電気伝導度の大きい良導体粒子は，BからCに引き寄せられながら重力によってGに集まる．一方，電気伝導度の小さい不良導体粒子はHに自然落下するかあるいはローラー表面に付着したまま移動し，ブラシDによって払い落とされ，Iに集められ分離される．

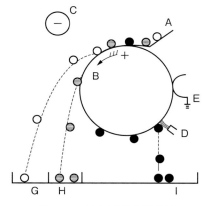

図 4.45　純静電型分離装置

2) 電気集塵

電気集塵はガス（空気）中の微粒子をコロナ放電により帯電させ，クーロン力により集塵極板上に捕集，分離する操作である．1910年代にコットレル（Cottrell）父子によって開発されたことによりコットレル集塵機とも呼ばれている．粒子径 1μm 以下の微粒子にも高い集塵効率となること，圧力損失が小さいこと，高温ガスの粉塵除去にも使える利点があり広く使われている．図 4.46 に電気集塵の原理図を示す．

静電場において，粒子の移動速度は式（4.28）で与えられる．

$$u_e = \frac{q}{3\pi\mu x}E = Z_p E$$

式から明らかなとおり，移動速度は粒子径 x に逆比例するため，電気集塵は微粒子の分離，集塵に有効な方法である．しかし，電気比抵抗（または抵抗率）が $10^3 \Omega \cdot m$ 以下の粒子では，粒子が集塵極に接するとただちに同極性となって反発し，集塵性能が低下すること，また $10^9 \Omega \cdot m$ 以上の粒子では，集塵極上に反対極性のまま堆積し逆放電などにより性能を低下させる問題がある．

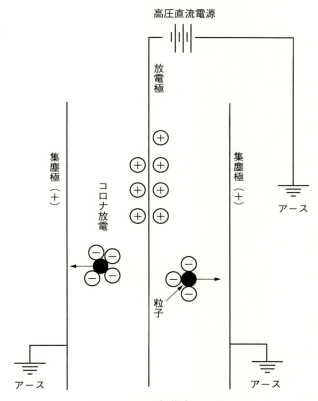

図 4.46　電気集塵の原理

その他，永久的に電気分極を持たせた繊維の静電力を使い集塵するエレクトレットフィルターがある．これは非常に高い集塵効率が得られるが，安定性と操作管理の難しさがある．

3) **磁気分離**

物質は，4.1.5で述べたように強磁性体，常磁性体および反磁性体に分類される．これらの磁気特性の違いを利用して物質を分離する操作を磁気分離とい

第4章　場の中での粒子と粉体の挙動

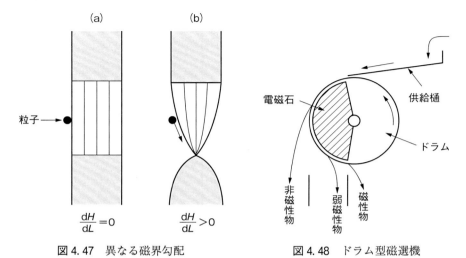

図4.47　異なる磁界勾配　　　　　図4.48　ドラム型磁選機

う．これは磁界で引き寄せられる磁性を有する粒子とそれ以外の粒子とに分離する方法である[11]．

4.1.5で述べたように，図4.47の(a)に示すように均一磁界中に粒子を入れても粒子は磁化されるだけで，上下のいずれの方向にも移動しない．それに対して図4.47の(b)に示す磁場勾配（磁束勾配）のあるところに粒子を置くと，磁束密度の高い方向に移動していく．これは，式(4.30)に示したように，粒子に作用する力は磁場勾配（dH/dL）に比例することによる．磁場勾配を大きくしてやると，磁化率の低い粒子や微粒子でも磁気分離が可能となる．この原理を応用した高勾配磁気分離機がセラミックス原料の脱鉄に使われている[12]．図4.48には，磁化率の高い鉄鉱石の高品位化に使われているドラム型磁選機を示した．

〈参考文献〉

1) Allen, T. : PARTICLE SIZE MEASUREMENT vol. 1 Fifth edition, Chapman & Hall, p. 226 (1997)
2) 新居田亨，大塚進一：化学工学論文集，21, 173 (1995)

4.2 場を使った分離・分級操作

3) Hinds, W. C. : Aerosol Technology, Wiley, New York, p. 46 (1982)
4) Steinour, H. H. : *Industrial and engineering Chemistry*, **36**, 618 (1944)
5) Richardson, J F. and N. W. Zaki, : *Institute of Chemical Engineers Transaction*, **35**, p. 35 (1954)
6) Happel, J. and H. Brenner : Low Reynolds number hydrodynamics, Martinus Nijhoff Publishers, The Hague, p. 389 (1983)
7) 三輪茂雄：ふるい分け読本，産業技術センター (1977)
8) 吉田英人，網浩之，今井清，横道豊：化学工学論文集，20, 1 (1994)
9) 化学工学協会編：化学工学便覧改訂四版，p. 1241 (1978)
10) 若松貴英：粉体工学会誌, **28**, 517 (1991)
11) 八嶋三郎，藤田豊久：粉体工学会誌, **28**, 318 (1991)
12) 化学工学協会編：化学工学便覧改訂四版，p. 448 (1978)

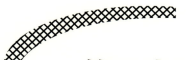

第5章　粉体の力学

　粉体は，粒子間に相互作用力が働くために独特な挙動を示す．粉体を取り扱うためには，粉体に加わる力や粉体層内を流れる流体の影響を知る必要がある．この章では粒子に働く力と粉体の力学ならびに粉体と流体との関係について述べる．

5.1　粒子間に働く力

　粉粒体は多数の粒子からなる集合体であり，各粒子間に相互作用力が働くことに粉粒体の特徴がある．そのために粉体は造粒や成型することができる反面，閉塞や付着を起こすなどの問題を発生することもある．したがって粉粒体の運動を検討したり，粉粒体を取り扱う際には粒子間に働く力を知る必要がある．粒子接触点の力学挙動は，付着力，摩擦力，圧縮力，転がりによって記述されるが，摩擦力，圧縮力などについては材料力学やトライボロジーなどの分野で検討されているので，ここでは粉体の特徴である付着力について述べる．

5.1.1　付着力

　接触した2粒子同士あるいは粒子を壁面から引き離すのに要する力を，それぞれ粒子間付着力 F_t [N] および粒子－壁面間付着力と呼ぶ．これら付着力の原因のうち，クーロン力（静電気力），磁気力など場に起因するものは4.1「場の中での粒子の挙動」で述べた．それら以外には液架橋力（liquid bridge adhesion force）やファンデルワールス力（van der Waals force）がある．

第5章 粉体の力学

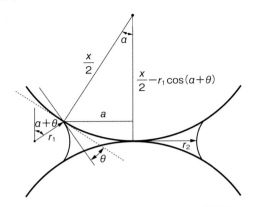

図5.1 接触2粒子間に形成される液架橋

1) 液架橋力

粒子間あるいは粒子壁面間に存在する液体によって生じる付着力で，液橋付着力あるいは水膜付着力とも呼ばれる．粒子の接触点近傍には，湿潤粉体の乾燥時に限らず分子の吸着によっても図5.1に示すように半径 r_2 [m] の液架橋が形成される．r_2 は相対湿度 H [－]（＝蒸気圧／飽和蒸気圧）によって変化し次式で与えられる[1]．

$$r_2 = -\frac{M\gamma}{RT\rho_L} \cdot \frac{1.5}{\ln H} \tag{5.1}$$

ここで，γ [N·m^{-1}] は液の表面張力，M [kg·mol^{-1}] は液の分子量，ρ_L [kg·m^{-3}] は液の密度，T [K] は温度，R [J·K^{-1}·mol^{-1}] は気体定数である．大気圧下で 25℃ の水を例に取り r_2 を計算すると図5.2のようになる．90% 以上の相対湿度で数十 nm の液架橋が形成されることがわかる．

この液架橋によって発生する付着力は次のようにして求めることができる[2]．架橋液と周囲との圧力差 Δp [Pa] は，次のラプラス・ヤング（Laplace–Young）式で求められる．

$$\Delta p = \gamma \left(\frac{1}{r_2} - \frac{1}{r_1} \right) \tag{5.2}$$

5.1 粒子間に働く力

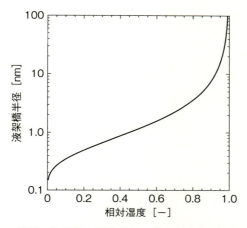

図5.2 接触2粒子間に形成される液架橋半径（25℃ の水）

$r_2 \gg r_1$ であるため，架橋液の内圧は周囲より γ/r_1 低くなって粒子には引力が働き，その大きさは Δp と液架橋と粒子の接触断面積 πa^2 の積となる．図5.1では誇張して描いてあるが，$x \gg r_2$ なので $\alpha + \theta$ は θ とみなすことができるため，πa^2 は $\pi x r_1 \cos \theta$ と近似することができ，液架橋力 F_L [N] は次式で求められる．

$$F_L = -\pi X \gamma \cos \theta \tag{5.3}$$

ここで，θ は接触角（濡れ角）である．粒子と液の接触部で発生する毛管力も引力として作用するが，無視できるほど小さい．ここで，X [m] は換算粒子径で，粒子径が x_1, x_2 [m] の球形粒子が接触している時，次式で与えられる．

$$X = \frac{x_1 x_2}{x_1 + x_2} \tag{5.4}$$

粒子径が x の2粒子の場合は $X = x/2$，粒子が平板に接している場合は $X = x$ になる．

液架橋力は気相中の微粒子間付着力のうち最も支配的なものであり，ファンデルワールス力の10倍以上になることもある．さらに，液に溶ける成分があ

第5章　粉体の力学

った場合には液中に溶け出した成分が液の蒸発とともに粒子間や粒子-壁面間に再析出して固体架橋を形成する場合もあり，さらに大きな付着力の原因となる．

2）ファンデルワールス力

粒子を構成する分子あるいは原子内の電子の運動に伴って生じる相互作用力をファンデルワールス力 F_v と呼び，次式で求められる．

$$F_v = -\frac{A}{12z^2}X \tag{5.5}$$

ここで，A は物質によって決まるハマーカー定数（Hamaker constant）であり，炭化水素系の物質では $4\times10^{-20} \sim 10\times10^{-20}$ J，酸化物では $6\times10^{-20}\sim15\times10^{-20}$ J，金属では $15\times10^{-20}\sim50\times10^{-20}$ J 程度である[3]．z は粒子の表面間距離で，なめらかな表面では 0.4 nm を用いることが多い．

粒子表面が粗く凹凸がある場合には，粒子の表面間距離 z が増加したのと同じ効果となり，ファンデルワールス力は減少する．粒子が軟らかい場合には荷重および付着力により接点が変形し，ファンデルワールス力も変化する．

【例題5.1】　ハマーカー定数が 11.0×10^{-20} J の石英粒子同士に働くファンデルワールス力 F_v と液架橋力 F_L の大きさを比較せよ．ただし，液は水で表面張力は 0.0728 N·m^{-1}，接触角は $0°$ とする．

【解答】　式（5.3）と式（5.5）より，2つの力の比は次のように求められる．

$$\frac{F_L}{F_v} = \frac{12z^2 \cdot 2\pi\gamma\cos\theta}{A} = \frac{24\pi\times(4\times10^{-10})^2\times0.0728}{11\times10^{-20}} = 7.98$$

【例題5.2】　例題5.1の石英粒子と石英平板間に働く引力が粒子自重に等しくなる粒子径を求めよ．ただし，石英の密度は $2{,}700$ kg·m^{-3} とする．

【解答】　粒子と平板なので換算粒子径は粒子径 x となるので，次式が成り立つ．題意より，$\frac{\pi}{6}x^3\rho_p g = \pi x \gamma\cos\theta + \frac{A}{12z^2}x$．よって $x = \sqrt{\frac{6\gamma\cos\theta}{\rho_p g} + \frac{A}{2\pi\rho_p g z^2}}$．

5.1 粒子間に働く力

$$x = \sqrt{\frac{6 \times 0.0728 \times cos\ 0}{2700 \times 9.81} + \frac{11.0 \times 10^{-20}}{2 \times 3.14 \times 2700 \times 9.8 \times (4 \times 10^{-10})^2}}$$
$$= 0.00454\ [\mathrm{m}]$$

計算によれば，付着力によって 4.5 mm の石英粒子を保持できるが，粒子表面の粗さや吸着物のため実際に付着力で保持できる粒子はもっと小さくなる．

5.1.2 付着力測定

粒子表面の形状や性質などを微視的に把握するのは難しく，理論的に付着力を算出できる場合は限られている．そこで個々の粒子を引き離すのに必要な付着力を直接測定する必要があり，様々な方法が提案されている．

1) 原子間力顕微鏡法，直接測定法

原子間力顕微鏡（Atomic Force Microscope；AFM）を用いて，探針に測定粒子を接着剤などで固定し，粒子間あるいは粒子-壁面間の付着力を直接測定する方法である．粒子間距離と付着力の関係が直接測定でき，液中など様々な雰囲気でも測定可能という利点があるが，1 回に 1 個の粒子の付着力しか測定できないこと，探針に粒子径の小さな測定粒子を付けるためには熟練した技術が必要であるという問題がある．また，大きな粒子については AFM の代わりにスプリングバランス[4]，接触針[5]，電気天秤を使う方法[6]あるいは振り子の先に粒子を付け，分離した際の角度から付着力を求める方法[7]などの直接測定法も提案されている．

2) 遠心分離法[8]

図 5.3 のように多数の粒子を接触させた試験面を撮影し，これを軸周りに回転させて遠心力を加える．再び試験面を撮影し，遠心力によって引き離された粒子数と付着力によって残った粒子数とを数える方法である．同時に多数の微粒子の付着力測定が可能であり，統計的な付着確率分布を求められる利点がある．ただし，粒子-壁面間付着力を求めることはできるが，粒子-粒子間付着力

第5章 粉体の力学

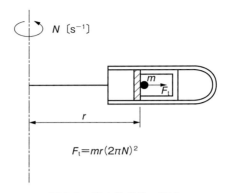

図5.3 遠心分離法の概念

を求めるのは困難である．

3) 振動分離法[9]

遠心分離法と同様に，図5.4のように多数の粒子を接触させた試験面を振動させ，その加速度を使って引き離された粒子数と付着力によって残った粒子数とを数える方法である．試験面の変位が小さいために液中や高温下あるいは特殊雰囲気下での測定も可能であるが，振動により粒子間に圧縮力と引張力が交互に作用するため，純粋に付着力だけを測定できないという問題がある．

4) 衝撃分離法[10]

遠心分離法や振動分離法と同様に多数の粒子を接触させた試験面に衝撃力を加え，引き離された粒子数と付着力によって残った粒子数を数える方法である．試験面の変位が小さいので液中や高温下あるいは特殊雰囲気下での測定も可能であるが，衝撃が加わる時間が短いと正確な加速度を求めることが困難になる．

5.1.3 ルンプの式 (Rumpf's equation)

粒子層の付着力，すなわち引張強度は層を構成する多数の粒子間の接触点に働く粒子間付着力の和である．ルンプは均一球粒子ランダム充填層の引張強度

5.1 粒子間に働く力

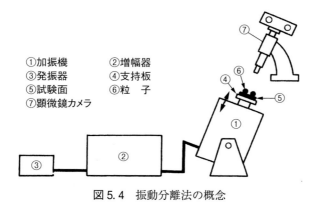

①加振機　②増幅器
③発振器　④支持板
⑤試験面　⑥粒　子
⑦顕微鏡カメラ

図5.4　振動分離法の概念

σ_t と1接触点に働く粒子間付着力 F_t の関係を表すため，次のようなモデル式を提案した[11]．

$$\sigma_t = \frac{1-\varepsilon}{\pi} N_c \frac{F_t}{x^2} \tag{5.6}$$

ここで，N_c は粒子1個の表面に存在する接触点数すなわち配位数，x は粒子径，ε は空間率である．この式は引張破断面に存在する1接触点に働く粒子間付着力に破断面単位面積当たりに存在する接触点数をかけたものが粉体層の引張強度になるという考え方から導出された．空間率 ε から配位数 N_c の推定にルンプの近似式 $N_c = \pi/\varepsilon$ を用いれば，式（5.6）は次のように書き直すことができる．

$$\sigma_t = \frac{1-\varepsilon}{\varepsilon} \frac{F_t}{x^2} \tag{5.7}$$

これらの式は図5.5のような均一球ランダム充填層を一点鎖線で表すある平面に存在する粒子の表面で破断を起こす．すなわち図5.5の実線のように粒子径の幅の凹凸がある破断面を考え，粒子中心間方向に働く粒子間付着力の引張方向分力を積分したものが，粒子層引張強度となるというモデルより導かれたものである．椿[12]はこのルンプの式が剪断や圧縮などの応力状態について提案されたいくつかの関係式[13]~[15]と一致すると報告しており，この式は粒子層に

第5章　粉体の力学

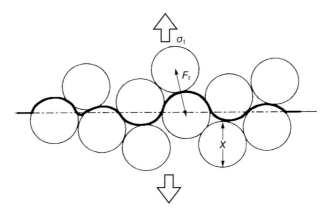

図5.5　ルンプの式の基本的考え方

働く応力と粒子間力の関係を示す一般式である．ただし，粉体間の不均一性や粒子形状，粒子径分布の影響を考慮していない点などの問題もある．

【例題5.3】　粒子径 $10\,\mu\mathrm{m}$ の単分散球形粒子粉体層と粒子径 $1\,\mu\mathrm{m}$ の単分散球形粒子粉体層の引張強度は何倍異なるのかを求めよ．ただし，粒子間にはファンデルワールス力だけが働き，粉体層の空間率や構成粒子の配位数は粒子径が異なっても同じとする．

【解答】　例題5.1から明らかなように，粒子間に働くファンデルワールス力は粒子径が10倍大きくなると10倍に増加する．一方，式（5.6）のルンプの式より，粉体層の引張強度は粒子径 x が10倍大きいと100分の1に減少する．したがって，粒子径 $10\,\mu\mathrm{m}$ の粒子からなる粉体層の引張強度は粒子径 $1\,\mu\mathrm{m}$ の強度の1/10になる．

5.2 粒子集合体の力学

5.2.1 粉体層の力学

任意の面に働く応力は，面に垂直に働く垂直応力 σ [Pa] と面に沿って働く剪断応力 τ [Pa] に分解して取り扱われる．静止した液体や気体中の微小面を考えると，パスカルの法則から微小面の方向によらず加わる圧力すなわち垂直応力の大きさは同じで，剪断応力はゼロとなる．したがって垂直応力の大きさを微小面の各方向について描けば図5.6(a)のように円（3次元的に考えれば球）となる．それに対して粉体層では剪断応力が働くため，垂直応力は方向によって異なり，ある方向で垂直応力が最大を示し，それに直交する方向では最小となり，これらの方向では共に剪断応力は作用しない．したがって後述するように，微小面の各方向について垂直応力の大きさを描けば図5.6(b)の実線

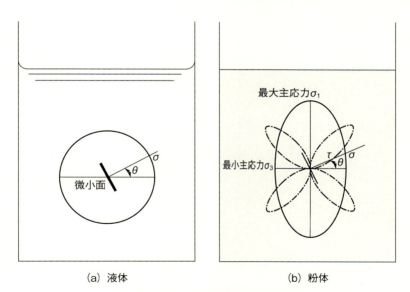

(a) 液体　　　　　　　　(b) 粉体

図5.6　液体と粉体中の微小面に加わる応力の違い

第5章　粉体の力学

のように楕円（3次元的に考えれば回転楕円体）となり，剪断応力は一点鎖線のような花びら形となる．剪断応力が働かない面を主応力面と呼び，これらの面に働く垂直応力をそれぞれ最大主応力 σ_1[Pa]，最小主応力 σ_3[Pa] と呼ぶ．

垂直応力 σ を x 軸，剪断応力 τ を y 軸に取った平面を応力平面と呼ぶ．この平面では，粉体層内のある方向を向いた任意の面に加わる応力は平面内の1点として与えられる．たとえば最大主応力面では剪断応力 τ は加わらないので，この面の応力は垂直応力軸上の点 $(\sigma_1, 0)$ として表される．また，最小主応力面でも剪断応力 τ は加わらないので，垂直応力軸上の点 $(\sigma_3, 0)$ となる．

1）モールの応力円

図5.7で最大主応力面から θ 傾いた面に働く垂直応力 σ と剪断応力 τ を求めてみる．単位厚さの微小直角三角形を考え，この各辺に加わる力の釣り合いを考えると次式が得られる．

x 方向；$\tau \cdot \overline{\mathrm{OA}} = -\sigma_1 \cdot \sin\theta \cdot \overline{\mathrm{OB}} + \sigma_3 \cdot \cos\theta \cdot \overline{\mathrm{AB}}$ (5.8-a)

y 方向；$\sigma \cdot \overline{\mathrm{OA}} = \sigma_1 \cdot \cos\theta \cdot \overline{\mathrm{OB}} + \sigma_3 \cdot \sin\theta \cdot \overline{\mathrm{AB}}$ (5.8-b)

$\overline{\mathrm{OB}} = \overline{\mathrm{OA}}\cos\theta$，$\overline{\mathrm{AB}} = \overline{\mathrm{OA}}\sin\theta$ を用いてこれらの式を変形整理すれば次式が得られる．

$$\left(\sigma - \frac{\sigma_1 + \sigma_3}{2}\right)^2 + \tau^2 = \left(\frac{\sigma_1 - \sigma_3}{2}\right)^2 \tag{5.9}$$

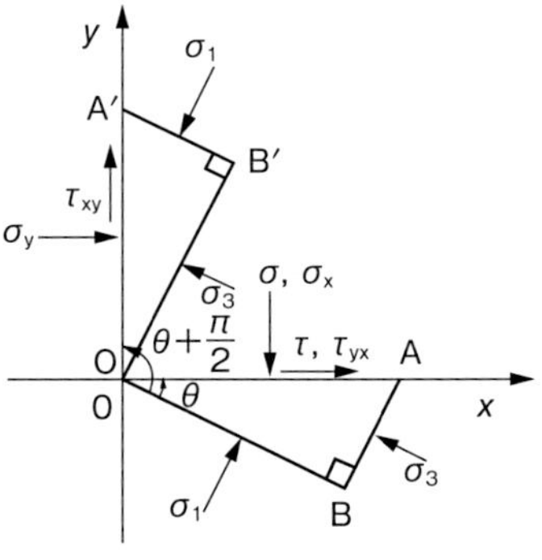

図5.7　粉体中の微小三角形に働く応力

この式は図5.8のように垂直応力 σ を横軸に，剪断応力 τ を縦軸に取った応力平面上で中心座標が $\{(\sigma_1+\sigma_3)/2,\ 0\}$，直径が $\sigma_1-\sigma_3$ の円を表している．したがって，粉体層内の任意微小面の応力状態は応力平面の垂直応力 σ 軸上に中心を持つ円として表現できる．この円をモールの応力円（Mohr's stress circle）と呼ぶ．

図5.6(b)のような粉体層中の実座標系では最大主応力と最小主応力は直交するのに対して，図5.8に示した応力空間では両主応力を表すA点とB点はモール円中心に対して反対側の180°違う所に位置することがわかる．これからも明らかなように一般に実座標系で角度が θ だけ違う2方向に加わる応力は，応力平面ではモール円の周上2倍に当たる角度 2θ 異なる点となる．したがって，図5.7に示す最大主応力面から角度 θ だけ傾いた面とそれに直交する面に加わる垂直応力 σ_x，σ_y はそれぞれ次式で表される．

$$\sigma_x = \frac{\sigma_1+\sigma_3}{2} + \frac{\sigma_1-\sigma_3}{2}\cos 2\theta \tag{5.10}$$

$$\sigma_y = \frac{\sigma_1+\sigma_3}{2} - \frac{\sigma_1-\sigma_3}{2}\cos 2\theta \tag{5.11}$$

また，剪断応力 τ_{yx} と τ_{xy} はそれぞれ次式で表される．

$$\tau_{xy} = -\tau_{yx} = \frac{\sigma_1-\sigma_3}{2}\sin 2\theta \tag{5.12}$$

式(5.10)，(5.12)で，θ をパラメータとして垂直応力および剪断応力を計算すると，図5.6(b)のように垂直応力は楕円となり剪断応力は花びら形となる．

2）粉体崩壊曲線

粉体層に応力を加えていくとやがて粉体層の強度を超え，層は崩壊する．この崩壊が起こる限界状態での垂直応力と剪断応力を応力平面上にプロットして得られる曲線を粉体崩壊曲線（Powder Yield Locus；PYL）と呼ぶ．また，粉体崩壊曲線は粉体層内の崩壊面での応力状態を表すモール応力円の包絡線である[16]．粉体崩壊曲線は粉体層にどれだけの垂直応力 σ と剪断応力 τ を加えれば

第5章 粉体の力学

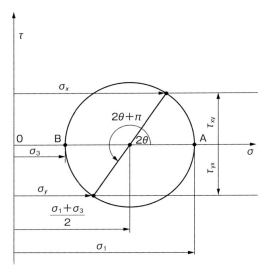

図 5.8 モールの応力円

粉体層が崩壊するのかあるいは流動するのかを定量的に議論する上で重要な粉体力学物性である．

クーロン粉体：図 5.6(b) に示すように τ/σ の比の値は面の方向によって変化する．粉体層の崩壊がすべりによって起こる場合には，τ/σ の値が摩擦係数と等しくなる面があると，その面に沿ってすべりが生じ粉体層は崩壊する．もし摩擦係数が応力状態によらず一定と仮定できるなら，粉体崩壊曲線は直線となる．

図 5.9(a) のように一般に付着性の少ない粗粒子の粉体崩壊曲線はほぼ直線となり，次式のような摩擦についてのクーロン（Coulomb）式が成立する．このように粉体崩壊曲線が直線となる粉体をクーロン粉体と呼ぶ[17]．

$$\tau = \mu_i(\sigma + \sigma_t) = \sigma \cdot \tan\phi_i + \tau_c \tag{5.13}$$

ここで μ_i は直線の傾きで粉体の内部摩擦係数，ϕ_i は直線の傾斜角度で粉体の内部摩擦角であり，これらの値が大きいほど粉体層間の摩擦が大きなことを表す．σ_t は引張強度である．τ_c は τ 軸の切片で剪断付着応力あるいは粘着力

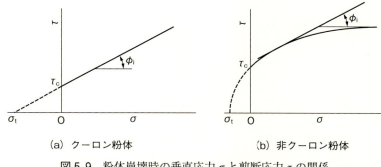

(a) クーロン粉体　　　　(b) 非クーロン粉体

図5.9　粉体崩壊時の垂直応力 σ と剪断応力 τ の関係

と呼ばれ，この値がゼロとなる粉体を非付着性クーロン粉体，正の値を持つものを付着性クーロン粉体と呼ぶ．

【例題5.4】　引張試験時の応力状態を考えた場合，付着性クーロン粉体では矛盾が生じることを説明せよ．

【解答】　引張崩壊時の応力状態を考えると引張方向には引張強度 σ_t が働くのに対し，それと直交する方向には応力は働かない．したがって，この時の応力状態は σ も τ も働かない応力平面の原点 (0, 0) と引張強度を表す $(\sigma_t, 0)$ を両端とするモール円で表される．付着性のクーロン粉体では垂直応力 σ が負となる引張側で粉体崩壊曲線（この場合は直線）が垂直応力軸と点 $(\sigma_t, 0)$ において内部摩擦角 ϕ_i で交わるので，引張崩壊時のモールの応力円と交差する．粉体崩壊直線は崩壊時のモール円の包絡線であるから，粉体崩壊直線の上側すなわち崩壊時よりも大きな剪断応力が働く応力状態は存在しないはずで，矛盾が生じる[18)~20)].

アシュトン（Ashton）らのモデル式：図5.9(b)のように付着性の大きな微粉体については粉体崩壊曲線が上に凸の曲線となる．この場合には粒子配列を面心立方格子で，粒子間に働く斥力と引力を粒子間距離の関数として与えて求めたアシュトンらのモデル式[21)]を用いる．

第5章 粉体の力学

$$\left(\frac{\tau}{\tau_c}\right)^n = \left(\frac{\sigma}{\sigma_t}\right) + 1 \tag{5.14}$$

ここで n は剪断指数で 1 の場合にはクーロン粉体を表す式（5.13）と一致する．梅屋らも実験的に同じ式を提案している[19]．このような場合には粉体崩壊曲線の傾きすなわち内部摩擦角 ϕ_i は垂直応力によって異なる値を示すので，目的に応じた垂直応力での値を用いる必要がある．

3）粉体圧の推定

液体圧は深さに比例して増加するが，粉体では粉体粒子間や粒子壁面間に摩擦力が働くために粉体圧は深さに比例しない．ヤンセン（Janssen）は，容器内粉体の応力状態は PYL に接した状態，すなわち崩壊直前の限界応力状態にあるとして，容器内の圧力分布を以下のようにして導いた．図 5.10 のような内径 D [m] の円筒容器に密度 ρ_b [kg·m^{-3}]で粉体を均一に充填した場合には，深さ h [m] における垂直圧を σ_v [Pa]，剪断試験で求めた粉体と容器内壁との摩擦係数を μ_w [-] とすれば，厚さ dh の薄い円盤状の粉体に上から加わる力と粉体の自重の和は下から加わる力と壁面摩擦による力の和と等しくなるので次式が成立する．

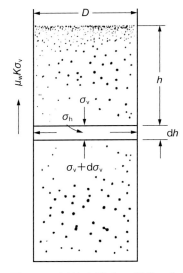

図 5.10　円筒容器内の粉体に加わる応力の釣り合い

$$\frac{\pi}{4}D^2\sigma_v + \frac{\pi}{4}D^2\rho_b g \mathrm{d}h = \frac{\pi}{4}D^2(\sigma_v + \mathrm{d}\sigma_v) + \pi D\mu_w K\sigma_v \mathrm{d}h \tag{5.15}$$

ここで K は垂直圧 σ_v と水平圧（この場合は壁面圧）σ_h との比（σ_h/σ_v）でランキン係数と呼ばれ，クーロン粉体では，$(1-\sin\phi_i)/(1+\sin\phi_i)$ となる．この式を整理すれば

170

5.2 粒子集合体の力学

$$(D\rho_b g - 4\mu_w K\sigma_v)dh = D d\sigma_v \tag{5.16}$$

この式を深さ $0 \sim h$，垂直応力 $0 \sim \sigma_v$ の範囲で積分すれば

$$\int_0^h dh = \int_0^{\sigma_v} \frac{d\sigma_v}{\left(\rho_b g - \dfrac{4\mu_w K\sigma_v}{D}\right)} \tag{5.17}$$

したがって

$$h = -\frac{D}{4\mu_w K} \cdot \ln\left(\rho_b g - \frac{4\mu_w K\sigma_v}{D}\right) + \frac{D}{4\mu_w K} \cdot \ln \rho_b g \tag{5.18}$$

この式を整理すれば

$$h = \frac{D}{4\mu_w K} \cdot \ln\left(\frac{\rho_b g}{\rho_b g - \dfrac{4\mu_w K\sigma_v}{D}}\right) \tag{5.19}$$

したがって，深さ h における垂直圧 σ_v は次式で求められる．

$$\sigma_v = \frac{\rho_b gD}{4\mu_w K}\left\{1 - \exp\left(-\frac{4\mu_w K}{D}h\right)\right\} \tag{5.20}$$

また，水平圧 σ_h はランキン定数 K を用いて次式で表される．

$$\sigma_h = K\sigma_v = \frac{\rho_b gD}{4\mu_w}\left\{1 - \exp\left(-\frac{4\mu_w K}{D}h\right)\right\} \tag{5.21}$$

これらの式をヤンセンの式と呼び，粉体貯層の壁面圧を推定するのに用いられる．この式で求めた垂直圧 σ_v と水平圧 σ_h の深さ方向分布の計算例を図 5.11 に示す．液体と異なり粉体圧は深さに比例して増加しないことがわかる．円筒形でない形の容器については式（5.15）の $D/4$ の代わりに容器断面積 S を周長 L で割った S/L の値を用いればよい．

図 5.12 のような高さ H の逆円錐型ホッパーの場合，頂点からの高さ y における薄い水平円盤での粉体に加わる垂直方向の力のバランスより次式が得られる．

$$\sigma_v = \frac{\rho_b gy}{\alpha - 1}\left\{1 - \left(\frac{y}{H}\right)^{\alpha-1}\right\} \tag{5.22}$$

ここで α は

第5章 粉体の力学

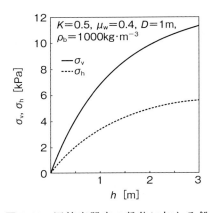

図5.11 円筒容器内の粉体に加わる鉛直圧 σ_v と壁面圧 σ_h の計算例

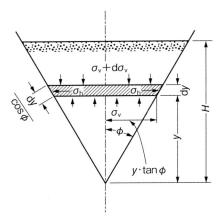

図5.12 ホッパー内の粉体に加わる応力の釣り合い

$$\alpha = \frac{2\mu_w}{\tan\phi}\left(K\cos^2\phi + \sin^2\phi\right)$$
(5.23)

ここでϕは逆円錐型ホッパーの半頂角である。これらの式を用い、ホッパーの高さ方向圧力分布を計算した例を図5.13に示した。液体の場合とは異なり、粉体圧はある高さで最大値を示し、そこから上でも下でも減少することがわかる。

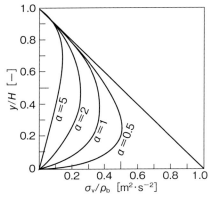

図5.13 ホッパー内の粉体に加わる鉛直圧 σ_v の計算例

4) 流動性

流動性指数:粉体の流動性を簡単に表すために、ジェニケ(Jenike)は流動性指数 F_i [m] を提案した。これは図5.14のように粉体崩壊曲線に接し原点を通るモール円を描き、その最大主応力すなわち単純圧縮破壊強度 σ_f [Pa] を求め、これから次式で計算される。

5.2 粒子集合体の力学

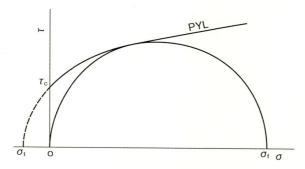

図 5.14 単純圧縮破壊応力 σ_f の求め方

$$F_i = \frac{\sigma_f}{\rho_b g} = \frac{\sigma_f}{(1-\varepsilon)\rho_p g} \tag{5.24}$$

ここで ρ_b は粉体の見かけ密度 [kg·m^{-3}], ρ_p は粒子密度 [kg·m^{-3}], ε は粉体層の空間率, g は重力加速度である. 側壁なしで粉体を堆積させた場合, 最大主応力が σ_f で, 最小主応力が 0 の応力状態となるので, 側壁がなく自重だけが鉛直方向に加わった状態を表す. したがって, この流動性指数 F_i は粉体が自立できる最大高さを意味し, この値が大きいほど自立できる高さが高い, すなわち粉体の流動性が悪いことを意味する.

安息角（angle of repose）：粉体層の自由表面が限界応力状態にある場合に, 粉体層表面が水平面に対してなす角度を安息角と呼び, 流動性を評価する簡易方法として用いられる. 安息角 ϕ_r の測定には図 5.15 のように注入法, 排出法, 傾斜法が用いられるが, 注入法で求めた値は他の方法より大きくなる傾向がある.

5）オリフィスからの流出

図 5.16(a) のように容器底部のオリフィスから内部の液体が流出する場合, 流出速度は液深さ h の平方根に比例する. それに対し同図(b)のように粉体が流出する場合, 流出速度は粉体層深さ h に無関係に一定となる. この現象を利用したものが, 時間に比例して砂が流出する砂時計である. この現象はオリ

第5章 粉体の力学

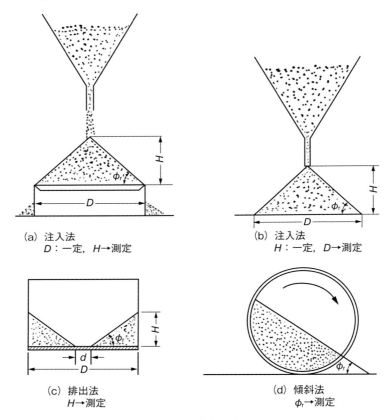

図5.15 安息角測定法

フィス上部で粉体が動的な架橋構造を作り,上部からの粉体圧を支えるためと考えられる.この架橋構造をダイナミックアーチと呼ぶ.

オリフィスからの粉体質量流出速度 dM/dt [kg·s^{-1}] は一般にオリフィス径 D_0 [m] とオリフィス近傍での粉体見かけ密度 ρ_b [kg·m^{-3}] の関数として次式で表すことができる.

$$\frac{dM}{dt} \propto \rho_b D_0^n = \rho_p(1-\varepsilon)D_0^n \tag{5.25}$$

ここで指数 n の値は2.5〜3.0の値を取るが,2.7を用いることが多い.

5.2 粒子集合体の力学

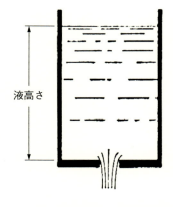
(a) 液体の流出は液深に関係

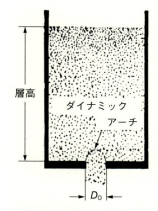
(b) 粉体の流出は層高に無関係

図 5.16 オリフィスからの液体と粉体の流出

5.2.2 粉体層力学特性の測定

1) 粉体崩壊曲線の測定

これまで述べてきた粉体崩壊曲線を測定するため,様々な粉体層の剪断試験法や引張試験法が考案され,用いられている.ここではそれらのうち代表的なものを紹介する.

3軸圧縮試験[22]:図5.17のように粉体を薄い円筒状ゴム膜中に充填し,ゴム膜を介して周囲から均一な流体圧(最小主応力 σ_3)を加えながら垂直方向に圧縮応力(最大主応力 σ_1)を加え,粉体層が崩壊した時の σ_1 と σ_3 を求める.これらの値がわかれば崩壊時の応力状態を表すモール円を1つ描くことができる.同様な操作を様々な σ_1 と σ_3 について繰り返し,崩壊時のモール円を多数描いてその包絡線を求めればこれが粉体崩壊曲線となる.この方法は,直接崩壊時のモール円が求められるという特徴を持つが,粉体崩壊曲線はその包絡線として間接的に求めることになる.また,試験装置や操作が複雑で測定に時間がかかるという問題がある.

直接剪断試験:粉体を充填したセルを重ね,粉体層を均一に充填するために

あらかじめ剪断試験時よりも大きな垂直応力である予圧密圧 σ_c を加えて，空間率 ε の粉体層を作る．予圧密後，予圧密圧よりも小さな垂直応力 σ を加えながら一方のセルに剪断力を加えていくとやがて粉体層は崩壊し2つに分かれる．この際の垂直応力 σ と剪断応力 τ を応力平面にプロットすれば粉体崩壊曲線上の1点が得られる．同じ予圧密圧で σ を変えて同様な操作を繰り返して，直接，粉体崩壊曲線を得る．この方法は比較的簡単な装置で容易に粉体崩壊曲線を得られるので広く用いられ，再現性の良い測定結果が得られるように様々な工夫が行われている．直接剪断装置の代表例を以下に示す．

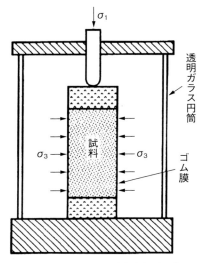

図 5.17　3軸圧縮試験装置の概略

ジェニケの剪断試験[18]：ジェニケ（Jenike）は，粉体貯槽の設計に必要な内部摩擦角や壁面摩擦角を測定するための試験方法を提案した．図 5.18(a)に示したような金属製の円筒セルを2つ重ね，内部に粉体を充填した後，上ぶたにツイストと呼ばれる往復ねじりを加えながら予圧密圧を加える．次に(b)のよ

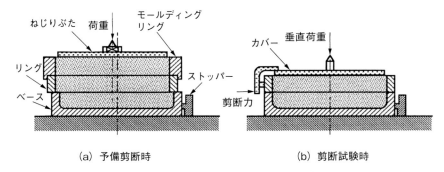

(a) 予備剪断時　　　　　　　　(b) 剪断試験時

図 5.18　ジェニケの剪断試験の概略

176

うに予圧密圧よりも小さな垂直応力 σ を加えながら予備剪断した後，一定垂直圧下で上部セルに剪断力を加えていき，崩壊時の垂直応力 σ と剪断応力 τ を得る．この方法は予圧密時にツイストを加え，予備剪断することによって粉体を均一に充填して再現性の良い結果が得られるように試験方法を工夫している．予備剪断することによって垂直応力 σ が予圧密圧 σ_c と等しい状態で剪断崩壊しているので，予備剪断をしない場合と異なった状態での剪断試験になっていることに注意が必要である．また，剪断の進行とともに剪断面積が変わってしまうことや，予備剪断中に定常すべり状態になるように，ツイストの角度や回数を試行しなければならないという問題がある．

リング式剪断試験[23]：ジェニケの剪断試験では剪断の進行とともに剪断面積が変化するため，変位が大きな場合には応力の算出に問題が生じる．そこで図 5.19 のように環状のセルを用い，測定中に剪断面積が変化しないように工夫したリング式あるいはアニュラー式と呼ばれる剪断試験法が開発されている．この装置は剪断中に剪断面積は変化しないが，環状セルに均一に粉体を充填するのは難しく，また，内側と外側で剪断速度が異なるという問題がある．

平行平板型剪断試験[24]：ジェニケ式やリング式剪断試験ではセル側壁での摩擦のために加えられた垂直応力が剪断面まで十分に伝わらず，また，粉体の膨張，収縮が精密に測定できないという問題がある．これらの問題を解決するた

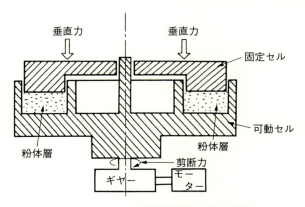

図 5.19　リング式剪断試験装置の概略

第5章 粉体の力学

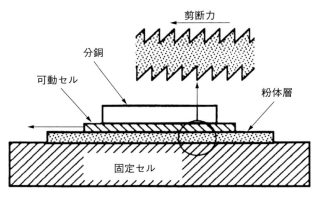

図5.20 平行平板式剪断試験装置の概略

めに，図5.20のように2枚の水平平行板の間に粉体を挟み，垂直応力 σ 下で剪断を行う試験装置が考案された．この剪断試験装置は構造が大変簡単なために，2枚の平板内にロッドヒーターを取り付けて，数百度の高温下でも剪断試験が可能な装置も開発され，数百℃までの剪断試験が行われている[25]．

この装置では粉体層が薄く，可動板や固定板の表面にノッチなどの凹凸があるために空間率が正確に求められないので，別に粉体層圧縮試験を行って垂直応力と空間率の関係を求める必要がある．

【例題5.5】 粒子密度 $2,500\,\mathrm{kg\cdot m^{-3}}$ の粉体を充填して空間率 0.7 の粉体層を作り，剪断試験を行ったところ 1 kPa の垂直応力を加えた際には 1 kPa の剪断応力で，垂直応力 2.73 kPa では 2 kPa の剪断応力で崩壊した．この粉体層の粉体崩壊曲線がクーロンの式に従う時，剪断付着力 τ_c，内部摩擦角 μ_i，単純圧縮破壊強度 σ_f，流動性指数 F_i を求めなさい．

【解答】 図5.21の応力平面上で与えられた2点 (1, 1), (2.73, 2) を通る直線の式を求めると，

$$\tau = 0.577\sigma + 0.42 = \sigma \tan 30° + 0.42$$

となる．したがって剪断付着力 τ_c は 0.42 kPa，内部摩擦角 30° となる．図のように原点を通り PYL に接するモール円の中心と，引張強度 σ_t，PYL とモー

ル円との接点とを結ぶと直角三角形が得られるので幾何学的に次の2式が得られる．

$$\frac{\sigma_f}{2} = \left(\sigma_t + \frac{\sigma_f}{2}\right)\sin\phi_i$$

$$\sigma_t = \tau_c \cot\phi_i$$

これらの式から σ_t を消去し，整理すれば

$$\sigma_f = \frac{2\tau_c \cos\phi_i}{1-\sin\phi_i} = \frac{2\cdot 0.42\cdot\cos 30°}{1-\sin 30°} = 1.45 \text{ kPa}$$

この値と $\rho_p = 2,500 \text{ kg}\cdot\text{m}^{-3}$，$\varepsilon = 0.7$ を式 (5.24) に入れ計算すると流動性指数 F_i は 0.197 m となる．

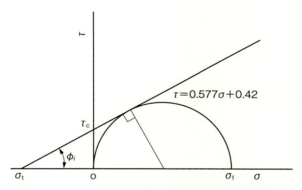

図 5.21 クーロン粉体の単純圧縮破壊応力 σ_f の求め方

2) 粉体層引張試験

剪断試験で測定される粉体層の摩擦特性に対して，粉体層の付着特性は粉体層引張試験により測定される．粉体層引張試験では予圧密した粉体層に引張力を加えていき，引張破断した時に粉体に加えた垂直応力すなわち引張強度 σ_t を求める．一般に粉体層の空間率 ε と引張強度 σ_t との間には，次の片対数用紙上で直線関係が成り立つことが多い．

第5章 粉体の力学

$$\sigma_\mathrm{t} = k_1 \exp\left(-\frac{\varepsilon}{b}\right) \tag{5.26}$$

ここで，k_1 と b は実験定数である．粉体層は予圧密圧 σ_c で調整するので，空間率の調整時には配位数の変化の影響ばかりでなく，予圧密圧による接触点での変形の影響も受けることになる．引張強度 σ_t と空間率 ε および予圧密 σ_c との関係は，次の半理論式で関係づけられる[26]．

$$\sigma_\mathrm{t} = \frac{1-\varepsilon}{\varepsilon} k_2 \left(\frac{\sigma_\mathrm{c}}{x^2}\right)^m \tag{5.27}$$

ここで，k_2 と m は実験定数である．

粉体層引張試験には図 5.22(a)のように垂直方向に予圧密応力 σ_c を加え，垂直方向に引張応力 σ_t を加える垂直引張方式と，同図(b)のように予圧密方向と直角な水平方向に引張応力を加える水平引張方式がある．これら2つの方法による測定結果を比較すると垂直引張方式の方が大きな引張強度を示す．このことは垂直引張方式では予圧密方向（最大主応力方向）に，水平引張方式では予圧密方向に対して直交する方向（最小主応力方向）に引張るので，破断面に加わる予圧密圧が異なるためである．いずれの方法でも，粉体層の引張強度は

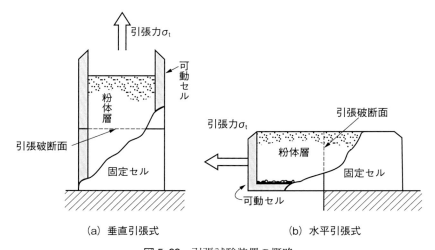

(a) 垂直引張式　　(b) 水平引張式

図 5.22　引張試験装置の概略

剪断強度や圧縮強度よりも小さいので，正確な測定を行うためには，いかに装置自体の摩擦抵抗を小さくできるかが重要である．そのためボールベアリングにセルを載せる方式よりも吊り下げ方式のものが広く使われるようになってきた[27]．

3) 粉体層圧縮試験

粉体に圧縮応力 σ_c を加えていくと応力の増加とともに空間率 ε が減少し，圧密されていく．この過程で得られる図 5.23 のような圧縮応力 σ_c と空間率 ε との関係が圧縮特性であり，粉体の成形性や充填性の指標となる．圧縮試験装置としては図 5.17 に示した 3 軸圧縮試験機や，図 5.24 に示したような円筒容器に粉体を入れ，上から 1 本の円柱状のピストンにより圧縮する 1 軸圧縮試験機，上下から 2 本のピストンにより圧縮する 2 軸圧縮試験機がある．

粉体層の圧縮特性を表すために，表 5.1 に示したような粉体層の見かけ体積 V あるいは空間率と圧縮応力 σ_c の関係を表す多くの圧縮式が提案されている[28]．

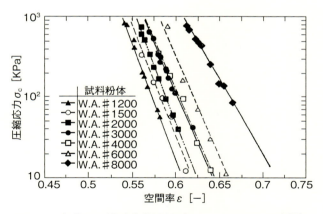

図 5.23　粉体の圧縮試験結果例（W.A.；アルミナ研磨材）

第5章 粉体の力学

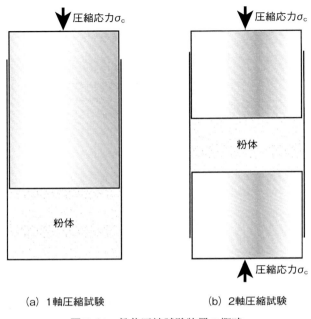

(a) 1軸圧縮試験　　　　(b) 2軸圧縮試験

図5.24　粉体圧縮試験装置の概略

表5.1　代表的な粉体圧縮式

$\dfrac{V - V_\infty}{V} = \dfrac{V_0 - V_\infty}{V_0} \exp(a \cdot \sigma_c)$	Athy の式
$\ln \sigma_c = -a \dfrac{V}{V_\infty} + b$	Balshin の式
$\dfrac{V_0 - V}{V_0 - V_\infty} = a_1 \cdot \exp\left(-\dfrac{b_1}{\sigma_c}\right) + a_2 \cdot \exp\left(-\dfrac{b_2}{\sigma_c}\right)$	Cooper の式
$\sigma_c = a \cdot \exp\left(\dfrac{b}{V}\right)$	Gurnham の式
$\dfrac{V_0 - V}{V_0} = \dfrac{a \cdot b \cdot \sigma_c}{a + b \cdot \sigma_c}$	川北の式

ここで V は粉体体積，V_0，V_∞ はそれぞれ圧縮前と圧縮後の粉体体積，σ_c は圧縮応力，a，b，a_1，b_1，b_2 は実験定数である．

5.2 粒子集合体の力学

4) ロスコー（Roscoe）状態図

粉体層の力学的物性すなわち剪断，引張，圧縮強度は粉体層の運動や応力を考える上で，全て重要な特性である．したがってそれらの力学的物性を1枚の立体図で表現するために図5.25に示したような垂直応力σ，剪断応力τ，空間率εを3軸に取った応力空間すなわちロスコー状態図（ケンブリッジモデルとも呼ばれる）が提案された[29]．この図で垂直応力σが正の側での$\sigma-\varepsilon$関係は圧縮特性を，負の側での$\sigma-\varepsilon$関係は引張特性を表す．また，空間率εが一定の面での断面である$\sigma-\tau$関係は剪断特性を表し，このうち垂直応力σの小さな側を$\sigma-\tau$平面に投影した曲線は，剪断時に粉体層が剪断崩壊をする粉体崩壊曲線（PYL）を，垂直応力σの大きな側を$\sigma-\tau$平面に投影した曲線は，剪断時に粉体層が圧密崩壊する圧密崩壊曲線（Consolidation Yield Locus；CYL）を表す．これら2つの曲面の境界である曲線を$\sigma-\tau$平面に投影した直線は限界状態線（Critical State Line；CSL）と呼ばれ，粉体の動摩擦での応力状態を表し，内部動摩擦係数を傾きとし原点を通る直線となる．

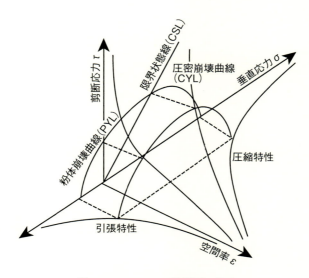

図 5.25　ロスコー状態図の概念

第5章 粉体の力学

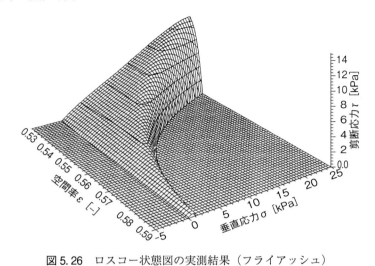

図5.26 ロスコー状態図の実測結果(フライアッシュ)

平行平板型剪断試験機,引張試験機,圧縮試験機を使って求めた測定結果を多項式近似した曲線に基づきフライアッシュの実測値によるロスコー状態図を図5.26に描いた[30]. 基本的には図5.25と同様な上に凸の山状の形状をしているが,粉体層の引張強度の実測値は圧縮強度と比べて桁違いに小さく,引張特性は概念図ほど空間率によって変化しないように見える.

5.2.3 粉体層の流体透過

1) 固定層 (fixed bed)

多数の粒子を充填したものが固定層である.固定層は,充填粒子間の空間に気体や液体などの流体を流し,ガス吸収,蒸留,吸着などの物質移動装置,触媒反応や燃焼などの反応装置,固-液,固-気あるいは気-液の分離装置などに広く用いられている.いずれの装置においても固定層内を流体が流れ,その時の流速と圧力損失の関係を知ることが重要である.

ダルシー (D'arcy) 式:ダルシーは,断面積 A [m²],厚さ L [m] の粒子充填層を粘度 μ [Pa·s] の流体が流量 Q [m³·s⁻¹] で透過する際の,空塔速度

u [m·s^{-1}] と圧力降下 ΔP [Pa] の関係を次式で表した．

$$u = \frac{Q}{A} = k\frac{\Delta P}{\mu L} \tag{5.28}$$

ここで k [m^2] は透過率（permeability）と呼ばれ，層流域では粒子層の構造によって決まる定数である．

ハーゲン・ポアズイユ（Hagen–Poiseuille）式：ハーゲンとポアズイユは，内径 D_e [m]，長さ L_e [m] の毛管内を，粘度 μ [Pa·s] の流体が流れる際の流速 u_e [m·s^{-1}] と圧力降下 ΔP [Pa] の関係を次式で表した．

$$u_e = \frac{D_e^2 \Delta P}{32\mu L_e} \tag{5.29}$$

この式はレイノルズ数 $Re = D_e u \rho_f / \mu$ が 2,100 以下の層流域に適用できる．

コゼニー・カルマン（Kozeny–Carman）式：粒子充填層内の流れは複雑で解析が難しいので，これを図 5.27 のように空間率 ε，厚さ L の粒子固定層を内径 D_e，長さ L_e の屈曲した毛細管の集合と考える．粒子間の隙間の面積割合は ε，長さは L_e/L 倍になるので，空塔速度 u と毛細管内を流れる平均速度 u_e との間には次式が成立する．

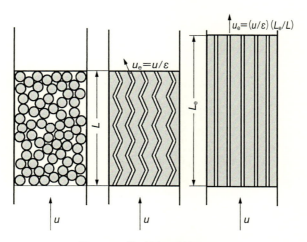

図 5.27　粒子層の流路モデル

$$u_{\mathrm{e}} = \frac{L_{\mathrm{e}}}{L} \frac{u}{\varepsilon} \tag{5.30}$$

したがって式 (5.29) と (5.30) から次式が得られる.

$$u = \frac{\varepsilon \cdot D_{\mathrm{e}}^{2} \Delta P}{32 \mu \left(\dfrac{L_{\mathrm{e}}}{L}\right)^{2} L} \tag{5.31}$$

仮想した毛細管の内径 D_{e} は動水半径と同様に，次式のように粉体層中の空間体積と粉体の全表面積の比を4倍して求められる[31]．

$$D_{\mathrm{e}} = \frac{4\varepsilon}{(1-\varepsilon)S_{\mathrm{v}}} \tag{5.32}$$

ここで $S_{\mathrm{v}}\,[\mathrm{m}^{-1}]$ は粒子の体積当たりの表面積すなわち体積基準の比表面積である (2.2.2「比表面積」(p.34) 参照). この式 (5.32) を式 (5.31) に代入すると次式が得られる.

$$u = \frac{\varepsilon^{3} \cdot \Delta P}{(1-\varepsilon)^{2} 2 \left(\dfrac{L_{\mathrm{e}}}{L}\right)^{2} S_{\mathrm{v}}^{2} \mu L} = \frac{\varepsilon^{3} \cdot \Delta P}{(1-\varepsilon)^{2} k S_{\mathrm{v}}^{2} \mu L} \tag{5.33}$$

ここで，k は毛細管の長さ L_{e} と固定層厚さ L との比すなわち屈曲率（ねじり率）の2乗の2倍でコゼニー定数と呼ばれる．コゼニーとカルマンはこの値に5を用いたが，多くの実験結果もこの値が3.46〜6.05の範囲に入ることを示している．k に5を入れ，固定層単位厚さ当たりの圧力降下 $\Delta P/L$ についてまとめると次式が得られる．

$$\frac{\Delta P}{L} = 5 S_{\mathrm{v}}^{2} u \mu \frac{(1-\varepsilon)^{2}}{\varepsilon^{3}} = \frac{180\, u \mu (1-\varepsilon)^{2}}{x^{2} \varepsilon^{3}} \tag{5.34}$$

ここで x は球形粒子充填層の場合の粒子径，この式はコゼニー・カルマン式と呼ばれ層流域で広く用いられている．この式を流速 u についてまとめれば式 (2.45)，比表面積についてまとめれば式 (2.46) となる．

エルガン（Ergun）式：層流域から乱流域に至る広い範囲での圧力損失推定には，流体抵抗を層流での抵抗すなわち式 (5.35) 右辺第1項と，乱流での抵

抗すなわち右辺第2項の和として表すエルガンの式[32]が広く用いられている.

$$\frac{\Delta P}{L} = 150\frac{(1-\varepsilon)^2\mu u}{\varepsilon^3 x^2} + 1.75\frac{(1-\varepsilon)\rho u^2}{\varepsilon^3 x} \tag{5.35}$$

各項の係数150と1.75は多くの粒子についての実験結果から定めたものである.

【例題5.6】 比表面積相当径が$1\,\mu m$，粒子密度$2,500\,kg\cdot m^{-3}$の粉体20gを内径70mm，高さ10mmの円筒容器に充填し，ここに圧力3kPaで20℃の水500mlを透過させるには何分かかるのかを計算せよ．また，水500mlを1時間で透過するには圧力をいくらにすればよいか．ただし，圧力によって粉体層は圧密されないものとする．

【解答】 比表面積径が$1\,\mu m$なので，式（2.7）より比表面積は$6\times10^6\,m^{-1}$となる．また粒子充填層の断面積は$3.85\times10^{-3}\,m^2$，体積は$3.85\times10^{-5}\,m^3$であるから空間率εは式（2.50）より0.792となる．20℃の水の粘度$\mu = 1.00$ mPa·s，層高さ$L = 0.01\,m$とともにコゼニー・カルマン式（5.33）に代入して流速uを計算すると

$$u = \frac{\varepsilon^3\cdot\Delta P}{(1-\varepsilon)^2 k S_v^2 \mu L} = \frac{0.792^3\cdot 3\times 10^3}{(1-0.792)^2\cdot 5\cdot (6\times 10^6)^2\cdot 1.00\times 10^{-3}\cdot 0.01}$$
$$= 1.91\times 10^{-5}\,m\cdot s^{-1}\,となる.$$

したがって500mlの水を透過するには

$$\frac{500\times 10^{-6}}{3.85\times 10^{-3}\cdot 1.91\times 10^{-5}} = 6.80\times 10^3\,s\,で,\,6.80\,ks\,すなわち113分必要である.$$

1時間すなわち60分で透過するためには115/60 = 1.92倍の流速にする必要がある．したがって式（5.34）より圧力も1.92倍しなければならないので，5.76 kPa必要である．実際には圧力を上げることによって粉体層が圧密されることが多いので，さらに高い圧力を加えなければならない．

5.2.4 移動層,流動層,空気輸送

1) 移動層 (moving bed)

充填層内の粒子がゆっくりと移動する場合,これを移動層と呼ぶ.移動層も固定層と同様に充填粒子間の空間に気体や液体などの流体を流し,ガス吸収,吸着,反応,燃焼,集塵などの広い用途に用いられる.特に充填粒子を順次入れ替えたり,取り出して洗浄したりしたい場合に移動層として操作する.移動には一般には重力を利用し,上から下へ毎分数 cm 程度の速度でゆっくりと粒子を降下させる.偏析などの影響を避けるために,できるだけ均一径に近く付着性の少ない粒子を用いる.粒子の降下速度が小さいので移動層の圧力損失も固定層と同様にコゼニー・カルマン式やエルガン式で推定できる.

2) 流動層 (fluidized bed)

充填層内の粒子が流体によって浮遊流動する場合,これを流動層と呼ぶ.流動層は固定層,移動層と違って粒子が層内で激しい運動をするために石油接触分解などの触媒反応器,混合機,乾燥装置,造粒装置,燃焼炉,焙焼炉,分散装置,粉塵発生装置など様々な用途に用いられている.

充填層を透過する流体の速度を増していくと図 5.28 の 0-A のように粒子層

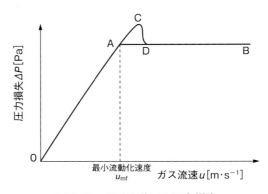

図 5.28 ガス流動層の圧力損失

の圧力損失が増加し，粒子に働く流体抗力が増す．やがてある流速に達すると流体抗力と粒子の自重とが釣り合って粒子層は浮遊状態になり，圧力損失は増加しなくなる．さらに流速を上げると圧力損失は A–B のように一定値を保つ．流速の増加に伴う過剰な流体によって粒子は層内を激しく動くようになる．このような状態を流動化状態あるいは流動化といい，粒子が浮遊流動している層を流動層と呼ぶ．

粒子の流体抗力と重力が釣り合った A 点を流動化開始点，その時の空塔速度を最小流動化速度（あるいは流動化開始速度）u_{mf} といい，流動層の重要な特性値である．この流動化開始速度は圧力損失 $\Delta P/L$ と粒子層の自重の釣り合いから推定できる．厚さ L の粒子層に加わる層断面積 A 当たりの重力 F [N] は次式で与えられる．

$$\frac{F}{AL} = (\rho_p - \rho_f)(1-\varepsilon)g \tag{5.36}$$

粒子層での圧力損失を表すエルガンの式（5.35）と式（5.36）を組み合わせると

$$\left(\frac{1.75}{\Psi_c \varepsilon_{mf}^3}\right) Re_{mf}^2 + \left\{\frac{150(1-\varepsilon_{mf})}{\Psi_c^2 \varepsilon_{mf}^3}\right\} Re_{mf} = Ar \tag{5.37}$$

ここで Ψ_c はカルマンの形状係数で，比表面積形状係数 Ψ と $\Psi \cdot \Psi_c = 6$ の関係がある．また ε_{mf} は流動化開始時の空間率であり，流動化開始時の粒子レイノルズ数 Re_{mf} とアルキメデス数 Ar はそれぞれ次式で与えられる．

$$Re_{mf} = \frac{x \rho_f u_{mf}}{\mu} \tag{5.38}$$

$$Ar = \frac{x^3 \rho_f (\rho_p - \rho_f) g}{\mu^2} \tag{5.39}$$

したがって式（5.37）～式（5.39）を組み合わせれば流動化開始速度 u_{mf} が推定できる．

粒子間に付着力が働く場合には流体抗力が粒子の自重と釣り合った点 A では流動化せず，流体抵抗が粒子の自重と粒子間付着力の和よりも大きくなる点

Cまで圧力損失が増加する．流動化が始まり，粒子同士の付着が解かれると圧力損失がD点まで減少してD-Bのように一定値を保つ場合には，これらの式によって流動化開始速度u_{mf}を求めることはできない．このような場合，実用的には使用する粒子を小型の流動層に入れ，十分流動化した後に流速を下げながら圧力損失を測定して実験的に求める．この場合には図5.28のように圧力損失が流速にかかわらず一定値を示す直線D-Bと圧力損失が流速の減少とともに減少する直線0-Aとを延長して交わる点の流速を最小流動化速度u_{mf}とする．

流体に気体を用いた気系流動層では，最小流動化速度u_{mf}を超えて流速を増加させると，過剰な気体は気泡となり層を流れる．そのため終末沈降速度以上の流速においても流動化状態が維持できる場合が多い．気泡が発生し始める流速を気泡流動化開始速度u_{mb}と呼び，観察により求める．

流動層における熱移動や物質移動は，流動層を気泡相と粒子相の2相にモデル化（2相説）し取り扱われる．気泡相は不連続相あるいは希薄相，粒子相は連続相，エマルジョン相あるいは濃厚相とも呼ばれる．2相説では，粒子相内の気体は流動化開始時と同じ流速で流れ，それ以上の過剰な気体は気泡となって層内を吹き抜けると考える．

流体に液体を用いた液系流動層では，最小流動化速度u_{mf}を超えて流速を増加させても層は均一に膨張して，空間率が次第に1に近づき，やがて流速が終末沈降速度よりも大きくなると粒子は液体に同伴されて流失する．

粉体特性と流動状態：ゲルダート（Geldart）は粉体の種類によって流動状態が異なることに注目し，粒子径と粒子密度を両軸に取った**図5.29**上で，粉体を流動化のしやすさに基づきA，B，C，Dの4種類に分類した[33]．

① **Aグループ**：粒子径が40〜100 μm程度，粒子密度が2,000 kg·m^{-3}以下の粉体で最も流動化しやすく，最小流動化速度u_{mf}と気泡流動化開始速度u_{mb}が異なり，その間では層が膨張し，u_{mb}以上では**図5.30**(b)に示したように直径数十mmの小さな気泡が多く発生し，圧力変動は少ない．

② **Bグループ**：粒子径が数十〜数百μm程度で粒子密度が1,500 kg·m^{-3}

5.2 粒子集合体の力学

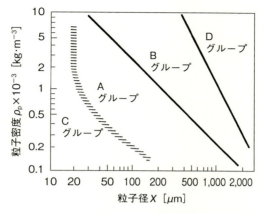

図 5.29 ゲルダートによる流動化粉体の分類

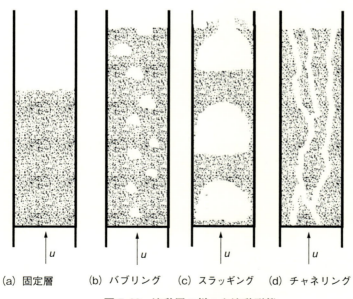

(a) 固定層　(b) バブリング　(c) スラッギング　(d) チャネリング

図 5.30 流動層の様々な流動形態

以上の粉体で，u_{mf} と u_{mb} がほぼ等しく，それ以上の流速では大きな気泡が発生する．特に塔径が小さい場合には図 5.30(c) に示したようなスラッギング状態になり圧力変動が大きい．

③ **Cグループ**：粒子径が数十 μm 以下の微粉であり，付着性が強いために流動化が難しい．流速が遅い場合には図 5.30(d) に示したように層内に流路ができるチャネリング現象が起き圧力損失が低下し，ほとんどの粉体は流動化しない．流速を増すと微粉体が付着し合って造粒が始まる．流動化を促進するために攪拌，振動などを加える場合もある．

④ **Dグループ**：粒子径 0.5～数 mm の粗粒子で，終末沈降速度が大きいために，流動化するためには高流速が必要である．流動化しても図 5.30(c) に示したようなスラッギング状態になり圧力変動が大きい．

このように粒子径と粒子密度で A～D グループに分類することは流動性の良し悪しを大まかに把握するには有効だが，各粉体の境界が必ずしも明確ではな

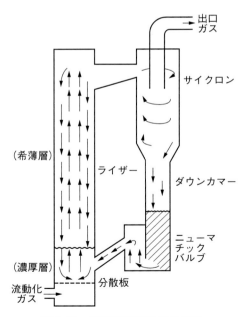

図 5.31　外部循環流動層の概略

く，粒子形状や流動層内の雰囲気などの影響を考慮していないという点で厳密なものではない．

外部循環流動層（circulating fluidized bed）：図 5.31 に示すように高流速の気体で粒子を流動化させ，気体に同伴して層から飛び出した粒子を外部のサイクロンで回収し，ダウンカマー，ニューマチックバルブを経て流動層内に戻すので，外部循環流動層と呼ばれる．外部循環流量が調整でき，濃厚層と希薄層が存在するので，固気接触や粒子混合が良好であるという特徴を持つ．主に燃焼炉に用いられる．

噴流層（spouted bed）：図 5.32 に示すように円錐状の層底部に設けた単一孔から高速で気体を流入させるもので，層の中心

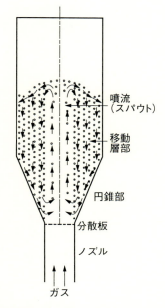

図 5.32 噴流層（スパウテッドベッド）の概略

部分で粒子が上向きに高速で吹き上げられ，周辺部では下向きにゆっくりと移動層のように粒子が下降する．付着性の強い粒子でも流動化できるので造粒装置や乾燥装置に用いられる．

3) 空気輸送（pneumatic conveying）

粉体を透過する気体の流速を増していくとやがて粒子の終末沈降速度を超え，粉体は気体に同伴されて輸送される．このように気体を使ってパイプ内の粉体を輸送することを空気輸送と呼ぶ．この方法は粉塵の飛散がない，輸送経路が自由に取れる，自動化が容易で維持管理費が少ないなどという特徴を持つが，消費動力が大きく，輸送による管の摩耗や粒子の破砕が生じたり，長距離輸送が難しいなどの問題もある．空気輸送装置は空気源，粉体供給部，輸送管部，粉体回収部からなる．空気輸送方法は，図 5.33(a)のように高圧空気を使って

第5章　粉体の力学

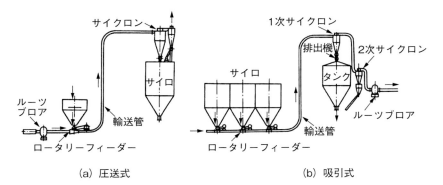

(a) 圧送式　　　　　　　　　　　(b) 吸引式

図5.33　空気輸送システム

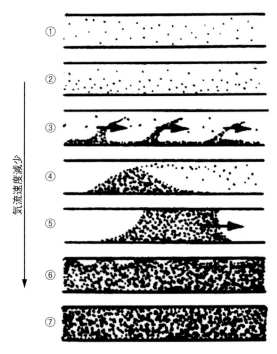

図5.34　気流速度による水平管内の流動様式の変化

正圧で粉体を送る圧送式と，同図(b)のように管内の空気を吸引することにより負圧で粉体を吸い込む吸引式とに大別され，主に圧送式は 1 箇所から複数箇所への粉体を分配する輸送に，吸引式は数箇所から 1 箇所へ粉体を集めるための輸送に用いられる．

輸送管内の粉体流動形態は図 5.34 のように流速が極めて高い場合には均一に粉体が気流中に分散している①の状態を取るが，流速の低下に伴い③の堆積流，④の集団流，⑤の栓流（プラグフロー）状態を示し，やがて粉体が管内で閉塞し，輸送ができない⑦に至る．これらのうち⑤の栓流状態は高濃度低速輸送状態で，粒子の破砕が少なく，輸送エネルギーが少ないが，付着性の強い粉体などではこのような輸送形態を取れないものもある．

空気輸送に必要な圧力損失は次の 4 つの原因による圧力損失の合計となる．
① 壁面との摩擦による圧力損失
② 粒子を加速するための圧力損失
③ 曲管や分岐などでの輸送管の曲がりによる圧力損失
④ 重力に対し粒子を持ち上げるのに必要な圧力損失

これらのうち①と④は輸送管の長さに，③は曲管や分岐の数に依存する．したがって空気輸送に必要な総圧力損失は①と④に管の長さをかけたものと③に曲管や分岐の数をかけたもの，ならびに②の総計で表される．これらのうち①の壁面との摩擦による圧力損失については輸送する粉体層の内部動摩擦係数または壁面動摩擦係数から推定することができる[34]．

5.2.5 コンピュータシミュレーション

個々の粒子の特性と粒子が集合した粉体の挙動との関係を結びつけ，粉粒体の運動を計算機の中で模擬するのは粉体工学者の長年の夢であった．なぜならば粉体の実験は再現性に問題が多く，また，多くの因子が絡み合って解析が困難なためにシミュレーションによって個々の因子を独立に変えてその影響を調べてみたいという要求があったからである．コンピュータの進歩に伴い，パソコンで容易に粉体シミュレーションができるようになってきた．現在用いられ

第5章 粉体の力学

ている主な粉体シミュレーション法の概略を説明する．

1) 連続体力学法

連続体の粉体力学に基づき，流体力学や材料力学で広く用いられている有限要素法などを粉体に適用する方法である．これまで流体力学や材料力学の分野で多くの解析が行われているために，様々な解析ソフトも充実している．しかし，粉体は微視的に見ると連続体ではなく，個々の構成粒子が個別に運動し，その集合体として粉体層の運動が決まる点にあり，連続体力学シミュレーションを粉粒体に適用するには問題がある場合も多い．

2) モンテカルロ法

粉体粒子の個々の動きを，乱数を使って確率的に決め，粉粒体の運動をシミュレーションする方法である．プログラムが比較的簡単なために多数の粒子の運動を短時間で計算できる利点がある．しかし，粉体粒子の運動が本当に確率的な現象なのかという疑問や，運動を支配する確率をどのようにして決めるの

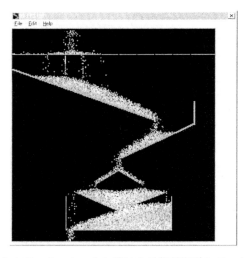

図 5.35　セルラーオートマトン法による粒子運動シミュレーション

かという問題点がある．一例として図 5.35 に「砂 for windows」を使って 2 次元の粉体流れをシミュレートした画面を示した[35]．2 次元ではあるがパソコンで 15,000 個もの粒子を実時間で運動させることができるという特徴を持つ．各粒子の運動を決める確率を粉体物性値から決めるべきであろうが，その方法は確立されていない．

3) 離散要素法

多数の粒子からなる粉体層の挙動と個々の構成粒子の特性を結びつける方法として離散要素法（Discrete Element Method；DEM）あるいは粒子要素法（Particle Element Method；PEM）が，カンダル（Cundall）ら[36]によって提案されている．この方法は粒子を粘弾性体と考え図 5.36 のようにフォークトモデルで近似し，粒子間に圧縮力が働いた際にはスプリングによる弾性とダッシュポットによる粘性が，引張り時にはカップリングによる付着力が働くとした．また，剪断方向にはスプリング，ダッシュポット，カップリングに加えて，スライダーによる摩擦も考慮する．本来はレオロジーモデルの弾性，粘性，付着，摩擦などの計算パラメータを粉体力学物性から決めなければならないが，両者の関係は現在のところ必ずしも明確ではない．

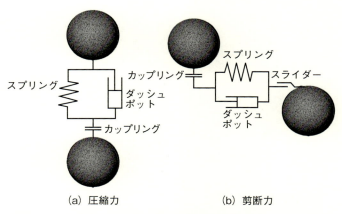

(a) 圧縮力　　　　　　(b) 剪断力

図 5.36 離散要素法で粒子間相互作用を表すフォークトモデル

第5章 粉体の力学

　粒子層は多数の粒子から構成されているので，本来は接触している多数の粒子間相互作用を同時に検討しなければならないが，計算が困難なので，離散要素法では時間刻みを小さくして接触する1粒子ずつ逐次計算を行う．このために多数の粒子の運動を計算するのには多大な計算時間を要し，計算時間を短くするためには粒子数が少なくなるという問題がある．しかし，各粒子の運動を詳細に調べることができること，摩擦係数や弾性係数などの値や，初期条件，境界条件などを任意に変えることができる利点があるために重力流動，振動流動，圧縮流動，混相流などの検討に広く用いられ，サイロ[37]，流動層[38]，混合機[39]，ふるい分け[40]，ボールミル粉砕機内のボール運動[41]などの解析に利用されている．

　4,000個の2次元粒子を充填した幅が粒子径の40倍，高さが100倍のサイロの底部に幅が粒子径の6倍の穴を開け，そこから粒子が重力によって流出す

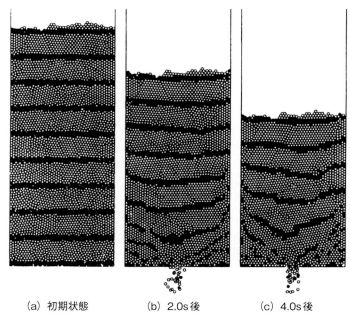

(a) 初期状態　　(b) 2.0s後　　(c) 4.0s後

図5.37　離散要素法による粒子排出過程シミュレーション

る様子を離散要素法で求めた例を図 5.37 に示した[42]．粒子摩擦係数は 0.5，時間増分は 1.0×10^{-4}s，4秒間の計算総ステップ数は 40,000 である．シミュレーション結果を見るとサイロ下部では漏斗状のファネルフローが，上部では全体が均一に移動するマスフローになっており，実際の観測結果とよく対応している．

粉体シミュレーションには長い計算時間，粒子数の制限，計算パラメータの決定法など解決すべき問題も多いが，任意に粒子物性を変え，各粒子の運動を観察できるという他にはない特徴があり，今後，パソコンの進歩とともにさらに広い応用が期待できる．

〈参考文献〉

1) 遠藤貞行，向阪保雄，西江恭延：化学工学論文集，**19**，1128（1993）
2) 粉体工学会編：粉体工学叢書1　粉体の基礎物性，日刊工業新聞社，p. 234（2005）
3) 粉体工学会編：粉体工学叢書4　液相中の粒子分散・凝集と分離操作，日刊工業新聞社，p. 243-255（2010）
4) 近沢正敏，中島渉，金澤孝文：粉体工学会誌，**14**，18（1977）
5) 島田泰拓，米澤頼信，砂田久一，野中隆盛，加藤賢三，森下広：粉体工学会誌，**37**，658（2000）
6) 荒川正文，安田真一：材料，**26**，858（1977）
7) Howe, P. G., D. P. Benton, I. E. Puddington,: *Canadian Journal of Chemical Engineering*, **33**, 1375（1955）
8) 佐野茂，齋藤文良，八嶋三郎，化学工学論文集，**10**，17（1984）
9) Larsen, R. L.: *American Industrial Hygiene Association Journal.*, **19**, 265（1958）
10) Jordan, D. W.: *British Journal of Applied Physics*, **3**, S 194（1954）
11) Rumpf, H.: *Chemie Ingenieur Technik*, **42**, 538（1970）
12) 椿淳一郎：粉体工学会誌，**21**，30（1984）
13) Molerus, O.: *Powder Technology*. **12**, 259（1975）
14) 長尾高明：機械学会論文集，**42**，4038（1977）
15) 金谷健一：粉体工学会誌，**17**，504（1980）
16) 粉体工学会編：粉体工学便覧第2版，日刊工業新聞社，p. 233（1998）
17) 八嶋三郎：粉砕と粉体物性，培風館，p. 216（1986）
18) Jenike, A. W., P. J. Elsey, R. H. Wooley,: *Proceeding of American Society for Testing and Materials*, **60**, 1168（1960）

第5章　粉体の力学

19) 梅屋薫, 北森信之, 荒木征雄, 美間博之：材料, **15**, 166 (1966)
20) 牧野和孝, 幸一彦, 鈴木道隆, 玉村忠雄, 井伊谷鋼一：化学工学論文集, **4**, 439 (1978)
21) Ashton, M. D., D. C. H. Cheng, R. Farley, F. H. H. Valentin : *Rheologica Acta.*, **4**, 206 (1965)
22) 高木史人, 杉田稔：粉体工学会誌, **16**, 277 (1979)
23) Carr, J, F., D. M, Walker, : *Powder Technology.*, **1**, 369 (1967/68)
24) 廣田満昭, 小林俊雄, 大島敏男：粉体工学会誌, **20**, 493 (1983)
25) 廣田満昭, 藤本祐樹, 鈴木道隆, 大島敏男：粉体工学会誌, **35**, 210 (1998)
26) 椿淳一郎, 加藤啓一, 神保元二：粉体工学会誌, **18**, 873 (1981)
27) 藤井謙治, 彼谷憲美, 浦山清, 横山藤平：粉砕, **23**, 46 (1978)
28) 藤田重文, 東畑平一郎：化学工学 第2版, 東京化学同人, p. 60 (1972)
29) Roscoe, K. H., A. N. Schofield, A. Thurairajah, : *Geotechnique*, **13**, 11 (1963)
30) 鈴木道隆, 廣田満昭, 大島敏男：粉体工学会誌, **24**, 31 (1987)
31) 三輪茂雄：粉体工学通論, 日刊工業新聞社, p. 75 (1981)
32) Ergun, S. : *Chemical. Engineering. Progress.*, **48**, 89 (1952)
33) Geldart, D. : *Powder Technology*, **7**, 285 (1973)
34) 廣田満昭, 松本敏克, 安富元彦, 喜多祐介, 鈴木道隆：粉体工学会誌, **34**, 395 (1997)
35) 四井賢一郎：粉体工学会誌, **35**, 584 (1998)
36) Cundall, P. A., O. D. L. Strack, : *Geotechnique*, **29**, 47 (1979)
37) 吉田順：粉体工学会誌, **29**, 261 (1992)
38) Tsuji, Y., T. Kawaguchi, T. Tanaka, : *Powder Technology*, **77**, 79 (1993)
39) 六車嘉貢, 田中敏嗣, 川竹了, 辻裕：日本機械学会論文集 (B編), **62**, 3335 (1996)
40) 下坂厚子, 東原茂徳, 日高重助：粉体工学会誌, **35**, 242 (1998)
41) Kano, J., M. Miyazaki, F. Saito. : *Advanced Powder Technology*, **11**, 333 (2000)
42) 粉体工学会編：粉体工学便覧第2版, 日刊工業新聞社, p. 272 (1998)

内容確認問題

1. 粒子・粉体工学のとらえ方

[1-1] 固体を粉体として扱う理由を4つ挙げよ．

2. 粒子および粉体の基礎物性

[2-1] 粒度と粒子径の違いを説明せよ．
[2-2] 人間の身長と体重に最も近い代表粒子径は何か．
[2-3] レーザー回折・散乱法で粒子径を測定したら，どのような代表粒子径で測定したことになるか，またその定義を説明せよ．
[2-4] 遠心沈降光透過法で粒子径を測定したら，どのような代表粒子径で測定したことになるか，またその定義を説明せよ．
[2-5] 上記2つ以外の代表粒子径を挙げ，その定義を説明せよ．
[2-6] 粒子形状の定量的表示法を2つ記せ．
[2-7] 粒子の密度には3つの定義がある．それぞれについて説明し，大きい順に並べよ．
[2-8] 「比重 $1.2\,\mathrm{g\cdot cm^{-3}}$」の誤りを2通りに正せ．
[2-9] 粉体の充填層を液体に浸した．粉体と液体の濡れ性が良い場合と悪い場合で，どのようなことが起こるか説明せよ．

内容確認問題

[2-10] 我々が扱う粒子径の範囲は数十 nm から数 mm 程度である．mm から始めるとどれだけの大きさになるか．

[2-11] 試料のサンプリングにおいて最も大切なことは何か．

[2-12] ふるいによって測定可能な粒子径の下限値は．

[2-13] JIS に定められているふるいの種類（ふるい目の作り方）を記せ．

[2-14] ふるいに入れる試料量とふるい時間の目安を述べよ．

[2-15] 沈降法によって測定される粒子径は何と呼ばれるか，またどのような代表粒子径か説明せよ．

[2-16] 沈降法によって測定可能な粒子径の範囲はどの程度か．

[2-17] 最も広く使われている沈降法の測定装置は遠心沈降光透過法であるが．粒子の大きさとその粒子の量を算出するために必要な 1 次情報は何か．それぞれ答えよ．

[2-18] レーザー回折・散乱法によって測定される粒子径は何と呼ばれるか，またどのような代表粒子径か説明せよ．

[2-19] レーザー回折・散乱法は現在最も広く使われている測定法であるが．粒子の大きさとその粒子の量を算出するために必要な 1 次情報は何か．それぞれ答えよ．

[2-20] レーザー回折・散乱法のよって測定可能な粒子径の範囲はどの程度か．

[2-21] レーザー回折・散乱法は再現性が非常に良いが，それはどうしてか．

[2-22] レーザー回折・散乱法の再現性以外の長所を 3 つ挙げよ．

[2-23] レーザー回折・散乱法の原理的欠点は何か．

[2-24] 電気的検知帯法によって測定される代表粒子径は何と呼ばれるか．

[2-25] 電気的検知帯法の長所を 2 つ挙げよ．

[2-26] 光子相関法（動的光散乱法）によって測定される代表粒子径は何と呼ばれるか．

[2-27] 粒子径分布の基本的な表示法を 3 つ挙げよ．

[2-28] 粒子径の範囲が 2 桁に及ぶ場合，横軸（粒子径）には普通軸か対数軸のどちらが便利か．

内容確認問題

- [2-29] 粒子径分布表示に用いられる代表的な分布関数を2つ挙げよ．
- [2-30] 単分散粒子（大きさが全て同じ）の標準偏差と幾何標準偏差の値を記せ．
- [2-31] 50％粒子径の別の呼び方を2つ記せ．
- [2-32] 比表面積を求める3つの方法を説明せよ．
- [2-33] 空気透過法で測定できる粒子径の範囲はどの程度か．
- [2-34] ガス吸着法で測定できる粒子径の範囲はどの程度か．
- [2-35] 脱臭剤に使われている活性炭やシリカゲル粒子の比表面積を空気透過法とガス吸着法で測定すると，ガス吸着法の測定値が桁違いに大きくなるのはなぜか．
- [2-36] 粒子をできるだけ密に充填したい．粒子をどのように調製すればよいか．
- [2-37] 単分散球形粒子を最密に充填した時の，空間率と配位数はいくつか．
- [2-38] 粒子，液体，気体の3相充填構造を4つに分類せよ．

3. 粉体の生成

- [3-1] 粒子生成方法を2つに分類し，それぞれの長所と短所を2つずつ挙げよ．
- [3-2] 単一粒子が破砕される時の力の加わり方を5つに分類せよ．
- [3-3] 圧縮強度，引張強度，剪断強度のうち最も弱いのはどれか．
- [3-4] 粒子の圧壊試験から求められる強度は何強度か．
- [3-5] どのような状態の材料が理想的強度を持つか．
- [3-6] 理想強度は材料の3つの物性によって決定されるが，その物性とは何か．
- [3-7] 実測強度が理想強度の数十分の1から数百分の1に低下するのはなぜか．

内容確認問題

[3-8] グリフィス理論によれば「クラックの進展により解放される（減少する）（A）エネルギーが，クラック進展により増加する（B）エネルギーに等しいか上回ればクラックは進展することができる．A，Bを記せ．

[3-9] 応力拡大係数 K と破壊靱性値は K_c は何によって決まるか．

[3-10] グリフィス理論の破壊条件を応力拡大係数 K と破壊靱性値 K_C で記せ．

[3-11] 破壊強度にバラツキがあるのはなぜか．

[3-12] 材料が小さくなると強度が上がるのはなぜか．

[3-13] 成長法により粒子を速く大量に生成したい．気相，液相でどちらの相が有利か，またその理由を述べよ．

[3-14] 粒子の大きさや形をできるだけ制御して粒子を生成したい．気相，液相でどちらの相が有利か，またその理由を述べよ．

[3-15] 気相中での粒子生成法を2つに大別せよ．

[3-16] 液相中での粒子生成法を2つに大別せよ．

[3-17] 食塩水溶液からできるだけ大きな結晶を得たい．どのようにすればよいか．

[3-18] 砕料に外部から与えられたエネルギーは砕料内でどのように変化するか．代表的な2つの考え方を述べよ．

[3-19] ボンドの仕事指数の意味を説明せよ．

[3-20] 粉砕の進行度合いを表す2つの方法を記せ．

[3-21] ボールミル，ビーズミル，ピンミル，ジェットミルにおいて，支配的と思われる粉砕機構を図3.1から選べ．

[3-22] 粉砕によってナノ粒子を生成したい．粉砕機の設計指針を述べよ．

[3-23] 熱可塑性プラスチックの粉砕にはボールミルではなく，ジェットミルや衝撃式ミルが使用されるのはなぜか．

[3-24] 例題3.7の例以外で身の回りの造粒体を挙げ，期待される造粒効果を記せ．

[3-25] 造粒技術は4つの方法に大別される．いかなる方法か．

[3-26] ゴマ塩でゴマと塩が分離する現象を何と呼ぶか．
[3-27] 混合度を議論する時，サンプルサイズが決定的に重要となるのはなぜか．
[3-28] 混合と混練・捏和の違いを述べよ．

4. 場の中での粒子と粉体の挙動

[4-1] 空気中で粒子の運動を考える時，空気の密度を無視してよいのはなぜか．
[4-2] 真空中で粒子の沈降速度は時間に比例して大きくなるのに，空気や水中では沈降開始後しばらくして沈降速度が一定となるのはなぜか．また一定となった速度は何と呼ばれるか．
[4-3] 粒子周りの流れの様子を表す無次元数（単位のない数量）を何と呼ぶか．
[4-4] 流体中で粒子が受ける流体抗力は，流体の状態によって3つ法則によって記述される．流体の状態と3つの抵抗則を記せ．
[4-5] 緩和時間とは何か．
[4-6] 粒子停止距離とは何か．
[4-7] 空気中でストークスの抵抗則が適用できるのは粒子径の範囲はどの程度か．また水中ではどうか．
[4-8] 重力場では沈降中に粒子が受ける力（重力）は一定であるが，遠心場では粒子が受ける力（遠心力）が次第に大きくなるのはなぜか．
[4-9] 電極板の上に粒子を置き電界をかけた時，電極板と同じ符号に帯電するのは，絶縁体，導電体どちらの粒子か．また，その理由も記せ．
[4-10] 電場中では帯電粒子に電界をかけるだけで力が働くが，磁場中粒子に力を働かせるためには磁場だけでなく磁場○○が必要である．○○を埋めよ．

内容確認問題

[4-11] 気体中で,粒子が小さくなるか気体圧力が下がると,粒子が受ける流体抗力が落ちるのはなぜか.

[4-12] 粒子が流体中に一様に分散している時,粒子濃度が増につれて沈降速度が小さくなるのはなぜか.

[4-13] ボイコット効果を確認したい.どのような実験をすればよいか.

[4-14] ブラウン拡散や泳動が無視できなくなる粒子径のだいたいの範囲を記せ.

[4-15] 水系の粒子懸濁液で,pHを変えると粒子の分散・凝集状態が変わるのはなぜか.

[4-16] 分離と分級の違いを説明せよ.

[4-17] ニュートン効率を一言(19文字)で説明せよ.

[4-18] 大中小の粒子それぞれ1 kgをよく混合して分級したところ,大粒子は1 kg,中粒子は0.6 kg,小粒子0.1 kg回収された.それぞれの部分分離効率を求めよ.

[4-19] ふるい目開きの範囲とふるいが多用される粒子径範囲を記せ.

[4-20] バケツを使って分離径より大きな粒子を除去したい.どのような操作をすればよいか.

[4-21] 重力を利用した分離・分級装置を2つ例示せよ.

[4-22] 粒子が分散懸濁した液体の呼び名を4つ記せ.

[4-23] 体積流束,質量流束とは何か.

[4-24] 自由沈降,集合沈降,成相沈降を説明せよ.

[4-25] 慣性力を利用した分離・分級装置を2つ例示せよ.

[4-26] 慣性力を利用した分離・分級装置が湿式で用いられないのはなぜか.

[4-27] 遠心分離・分級機内で粒子に働く2つの力を記せ.また,これら2つの力で分離機構を説明せよ.

[4-28] 最も代表的な遠心分離器を1つ挙げよ.

[4-29] 沪過・集塵機構は2つに大別される.何と何か.

[4-30] 砂沪過の砂粒子や繊維層フィルターの繊維が粒子を捕集する機構を記

せ.
[4-31] 電気集塵機の長所を3つ記せ.

5. 粉体の力学

[5-1] 粒子接触点に働く力を3つ記せ.
[5-2] 付着力とはどのような力か.
[5-3] 付着力となる力を2つ記せ.
[5-4] 粒子の付着力を測定する方法を3つ挙げよ.
[5-5] 粉体層に働く応力と粒子接触点に作用する力の関係式は何と呼ばれるか.
[5-6] 粉体層と水中に微少面を置く時，微少面に作用する応力には粉体層と水中では大きな違いがある．その違いとは何か.
[5-7] 主応力面とはどのような面か.
[5-8] 最大主応力面と最小主応力面はどのような位置関係になるか.
[5-9] 粉体層内の任意の面に働く応力は，ある円で表される．その円は何と呼ばれているか.
[5-10] 粉体層が崩壊（すべる）する時の剪断応力と垂直応力をプロットして得られる曲線は何と呼ばれるか.
[5-11] クーロン粉体とはどのような粉体か.
[5-12] 内部摩擦係数，内部摩擦角を説明せよ.
[5-13] 円筒容器に水を入れた場合，容器壁にかかる圧力は水深に比例して大きくなるが，粉体層の場合，初めは層高とともに壁圧も大きくなるが，やがて一定圧に近づくのはなぜか.
[5-14] 安息角とは何か，また粉体のどのような性質を表すか.
[5-15] 砂粒のオリフィスからの流出量は，水と異なり砂の量によらず一定となるのはなぜか.

内容確認問題

[5-16] 一連の3軸圧縮試験データから得られるものは何か.
[5-17] 直接剪断試験器を3つ記せ.
[5-18] 粉体の引張強度を垂直引張試験器で測定すると,水平引張試験器より大きく出るのはなぜか.
[5-19] 粉体層に作用する剪断応力,垂直応力と空間率の関係を図示した図を何と呼ぶか.
[5-20] 粉体層を毛管の束とモデル化して導出された,粉体層を透過する流量と圧力損失の関係式は何と呼ばれるか.
[5-21] 底が多孔板の円筒容器に粉粒体を入れ,多孔板を通して空気を送ると,粉粒体層は流量の増加に伴って静止状態(固定層)から流動状態(流動層)さらに輸送状態(浮遊・輸送層)へと変化する.固定層から流動層,流動層から浮遊・輸送層に移り変わる時の条件を記せ.
[5-22] 流動層の流動形態を3つに分類せよ.
[5-23] コンピュータを使ったシミュレーション方法を3つに大別せよ.

計算問題 I

重力加速度は $9.81\ \mathrm{m \cdot s^{-2}}$,円周率は 3.14. 20℃,1気圧の水および空気の密度と粘度を以下に示す.

	密度 [kg·m^{-3}]	粘度 [Pa·s]	表面張力 [N·m^{-1}]	ボルツマン定数 [J·K^{-1}]
水	998	1.00×10^{-3}	0.0728	1.38×10^{-23}
空気	1.21	1.82×10^{-5}	—	

2. 粒子および粉体の基礎物性

[2-1] 直径が 11.5 mm の球,一辺が 10 mm の立方体がある.次の代表粒子径で球と立方体の大小を比較せよ.
　　円面積相当径（立方体の投影像は正方形とせよ）
　　円周相当径（立方体の投影像は正方形とせよ）
　体積球相当径
　表面積球相当径

[2-2] 正方形と長方形（1：2）の円形度を求めよ.

[2-3] 立方体の一辺を代表粒子径とする時,立方体の体積形状係数 ψ_V,表面積形状係数 ψ_S,比表面積形状係数 ψ を求めよ.

[2-4] 球の直径を代表粒子径とする時,球の体積形状係数 ψ_V,表面積形状係数 ψ_S,比表面積形状係数 ψ を求めよ.

[2-5] 体積基準比表面積が $S_v = 6 \times 10^6\ \mathrm{m^{-1}}$ の粉体がある.粒子の形が球また

計算問題 I

は立方体と仮定して平均粒子径（比表面積径）を求めよ．

[2-6] 粉体試料 20 g をピクノメーターに入れさらに水を入れて秤量したところ 80 g であった．次にピクノメーターをよく洗浄したのち水だけを入れて秤量したところ 70 g であった．粒子密度を求めよ．

[2-7] 内径 3 mm のストローを水に挿した時，ストロー内の水面はどれだけ上昇するか計算せよ．ただし，接触角は $\theta = 0$ rad とする．

[2-8] 目開きが 1.5 mm のふるいがあるとして，1 つ目の粗いふるいの目開きは何 mm になるか，R 40/3 と R 20 シリーズの場合で答えよ．

[2-9] シリカゲル 0.7 g をアルゴン（分子 1 個の占有面積は 1.28×10^{-19} m^2）ガス吸着，一点法で比表面積を測定した．この時のアルゴンガスの吸着量は標準状態で 3.15×10^{-5} m^3 であった．比表面積 [m^2·kg^{-1}] を求めよ．またシリカゲル粒子を球，密度を 2.41×10^3 kg·m^{-3} として比表面積径 [μm] を求めよ．

[2-10] 1 L の容器に粉体を充填したところ，300 g 入った．粉体のかさ密度を求めよ．

[2-11] 問 [2-10] で，粒子密度を 1.3 kg·L^{-1} として充填率を求めよ．

[2-12] 問 [2-10] で空間率 ε と空間比 e を求めよ．

3. 粉体の生成

[3-1] 直径 10 mm の石英ガラス球を平行平板で挟んで圧壊するために必要な圧縮力を求めよ．また，おもりで圧壊する場合，何 kg のおもりが必要か（表 3.2 参照）．

[3-2] 破壊靱性値がそれぞれ 50 と 5 MPa·m$^{1/2}$ のスチール合金とアルミナがある．1 GPa の引張応力に耐えられるようにするために許される欠陥サイズをそれぞれ求めよ．

[3-3] ワイブル均一係数が 11.9 の石英材料がある．粒子径を半分にすると強

度はどのように変化するか.

[3-4] 石英ガラス粒子を破壊するに必要な単位質量当たりのエネルギーを求めよ. ただし, 石英の密度は $2{,}200\,\mathrm{kg\cdot m^{-3}}$, ヤング率は $73.5\,\mathrm{GPa}$, ポアソン比は 0.16 とする.

[3-5] 粒子径 $x\,[\mathrm{m}]$ の粉体を $x/2$ まで粉砕するのに $E_1\,[\mathrm{J}]$ 要した. $x/4$ までさらに粉砕するのに要するエネルギー $E_2\,[\mathrm{J}]$ を, リッチンガー, キック, ボンドの法則が成り立つ場合についてそれぞれ求めよ.

[3-6] 目開き $5.61\,\mathrm{mm}$ のふるいを 80% 通過する石灰石を 1 時間に $100\,\mathrm{t}$ ボールミル粉砕したところ, 砕成物は目開き $0.147\,\mathrm{mm}$ のふるいを 80% 通過した. この時の所要動力を求めよ. ただし石灰石の仕事指数は, ボンドによって $14.0\,\mathrm{kW\cdot h\cdot t^{-1}}$ と与えられている. ただし, 空転動力は考慮しないものとする.

[3-7] 粒子径が $1.18\sim 1\,\mathrm{mm}$ の石灰石 $180\,\mathrm{g}$ をボールミルで粉砕し, 次の実験データを得た. この結果を使い, 速度定数 $k_1\,[\mathrm{s^{-1}}]$ を決定せよ.

粉砕時間 [s]	60	180	300
未粉砕試料の質量 [g]	89.3	27.9	8.0

[3-8] A, B 2 種類の粉体を混合した後, $10\,\mathrm{g}$ ずつ 10 個サンプリングして A の濃度（質量割合）を測定したところ, それぞれの測定値は 0.34, 0.42, 0.29, 0.35, 0.37, 0.30, 0.28, 0.40, 0.31, 0.41 であった. 平均濃度と標準偏差, 変動係数を求めよ.

4. 場の中での粒子と粉体の挙動

[4-1] 直径 $10\,\mu\mathrm{m}$ 密度が $2.5\,\mathrm{g\cdot cm^{-3}}$ の球粒子が, 水中および空気中を自由沈降している. 次の問に答えよ. 粒子の沈降はストークス則により記述できるものとする.

計算問題 I

  1）それぞれの終末沈降速度を求めよ．

  2）それぞれの粒子レイノルズ数を求めよ．

  3）粒子が終末沈降速度で沈降している時，有効重力と流体抗力は等しくなっていることを確かめよ．

[4-2] 直径 $10\,\mu\mathrm{m}$ 密度が $2.5\,\mathrm{g\cdot cm^{-3}}$ の球粒子の水中および空気中での緩和時間を求めよ．

[4-3] 沈降セルを $3,000\,\mathrm{rpm}$ で回転し，密度が $3,900\,\mathrm{kg\cdot m^{-3}}$ で粒子径が $1\,\mu\mathrm{m}$ の球粒子を水中で遠心沈降させる時，回転中心から $10\,\mathrm{cm}$ の位置にいる粒子の沈降速度を求めよ．また 30 秒間回転し続けた時の変位量を式（4.25），（4.26）より求め比較せよ．

[4-4] 粒子径が $1\,\mu\mathrm{m}$ で密度が $2.7\times10^3\,\mathrm{kg\cdot m^{-3}}$ の粒子を，空気中で電界強度が $4\times10^5\,\mathrm{V\cdot m^{-1}}$ の水平電場中に置いた時次の問に答えよ．ただし，この粒子は電気素量（$1.60\times10^{-19}\mathrm{C}$）の 1.5 倍の正の電荷を持っているものとする．

  1）カニンガムの補正を無視した場合の水平方向移動速度を求めよ．

  2）大気圧を $100\,\mathrm{kPa}$ として，カニンガム補正をした場合の水平方向移動速度を求めよ．

[4-5] 粒子濃度 10 vol% スラリー中の粒子の沈降速度は，粒子濃度が無限に薄い場合の何倍になるかシュタイナー式とリチャードソン・ザキ式より求めよ．

[4-6] 直径 $10\,\mu\mathrm{m}$，密度 $2,500\,\mathrm{kg\cdot m^{-3}}$ の球粒子が，20℃ の水および空気中で拡散により 1 秒間に移動する距離を求め，[4-1] で求めた終末沈降速度と比較せよ．

[4-7] 粒子密度が $2.7\,\mathrm{g\cdot cm^{-3}}$ の粉体を水に自由沈降とみなせる濃度で分散しよく攪拌して静置した．1.0 min 後に水面から $15\,\mathrm{cm}$ の位置に存在する粒子の最大径を求めよ．

[4-8] 【例題 4.5】で，ニュートン効率を式（4.54）から求めよ．アルミ缶に着目してもスチール缶に着目してもニュートン効率は変わらないこと

を確かめよ.

[4-9] 大・中・小の粒子それぞれ 1.0 kg をよく混合して分級したところ,大粒子は 1.0 kg,中粒子は 0.6 kg,小粒子は 0.1 kg 回収された.それぞれの部分分離効率を求めよ.

[4-10] 問 [4-9] で分離の目的が,大粒子と中・小粒子,大・中粒子と小粒子の分離である場合,それぞれのニュートン効率を求めよ.

[4-11] 水平に張られた目開き 10 cm のネットに,直径 8 cm のボールをネット上の任意の位置から 100 回落とした.ネットに触れることなく何回ボールはネットを通過できるか.

[4-12] 粒子径 5 μm と 7 μm のシリカ粒子が等量均等に混じった懸濁液がある.液の深さを 1 m として表面から 50 cm の位置で液を抜き 5 μm の粒子だけをできるだけ多く回収したい.沈降開始後何秒後に液を抜けばよいか.ただしシリカの密度は $2.5 \text{ kg} \cdot \text{m}^{-3}$ とする.

[4-13] 問 [4-12] で 5 μm の粒子の回収率とニュートン効率を求めよ.ただし 5 μm 粒子は 7 μm 粒子の半分の速度で沈降するとしてよい.

[4-14] 密度 $2.5 \text{ g} \cdot \text{cm}^{-3}$ で粒子径が 5 μm のシリカ粒子を 10 vol% 含む懸濁液を静置したら,充填率 0.4 の堆積層が形成された.上澄み界面の沈降速度と堆積層界面の上昇速度を求めよ.粒子沈降速度の算出には,リチャードソン・ザキ式を用いよ.

[4-15] 10 vol% のアルミナの粒子懸濁液の質量濃度を求めよ.逆に 10 mass% を体積濃度濃度に換算せよ.ただし,アルミナの密度は $2.5 \text{ g} \cdot \text{cm}^{-3}$ とする.

[4-16] 図 4.29 に示すタイプの空気分級機で,渦流調整羽根(案内羽根)の半径と幅を,R [m],B [m],回転数を N [rpm] とし,空気流量を Q [m³·min⁻¹] とすると,式 (4.89) で定義される分離粒子径 x_c [μm] は次式となることを示せ.

$$x_c = 2.09 \times 10^6 \sqrt{\frac{\mu Q}{\rho_p N^2 R^2 B}} \quad [\mu m]$$

計算問題 I

[4-17] 問 [4-16] で $R_m = 147$ mm, $B = 255$ mm, $N = 2,500$ rpm, $Q = 30$ m$^3 \cdot$min^{-1}, $\rho_p = 1,500$ kg$\cdot$m^{-3} の時，分離粒子径を求めよ．

[4-18] 0.5 vol%の粒子懸濁液を面積 100 cm^2 沪紙で 10 L 沪過したところ，空間率 0.9 のケークが得られた．ケーク厚さを求めよ．

[4-19] 問 [4-18] で粒子密度が 2,500 kg$\cdot$m^{-3} である時，ケークの湿乾質量比を計算せよ．

[4-20] 問 [4-18] の定圧沪過を行うのに 10 分要した．沪材抵抗は無視できるものとして，ルースの定圧沪過係数を求めよ．

[4-21] 問 [4-20] の定圧沪過の圧力が 2.5 MPa である時，平均沪過比抵抗を求めよ．

[4-22] 粉塵濃度が 1 g$\cdot$m^{-3} の空気を集塵機で除塵したところ，出口濃度は 1 mg$\cdot$m^{-3} であった．この集塵機の捕集効率を求めよ．

[4-23] 5 cm の繊維充填層で粉塵を捕集したところ 80% の粉塵を捕集することができた．99% 捕集するためには充填層厚さをいかほどにすればよいか．

5. 粉体の力学

[5-1] 粒子径 100 nm の粒子同士が接触した場合，1 μm と 100 nm の粒子が接触した場合に働くファンデルワールス力を，粒子径 1 μm の粒子同士が接触した場合のファンデルワールス力と比較せよ．

[5-2] 粒子径 100 μm の粒子粉体層を 100 kPa で圧縮したところ，空間率は 0.55 となった．粒子接触点に作用する最大圧縮力を求めよ．

[5-3] いま均質な粉体層に，最大主応力として 10 kPa，最小主応力として 5 kPa の圧縮応力が作用している．最大主応力面から 30° 傾いた面に作用する垂直応力と剪断応力を求めよ．

[5-4] 前問で，面に作用する応力と面がなす角度を求めよ．

[5-5] 内部摩擦角が 30° のクーロン粉体がある．その粉体層に主応力として 10 kPa の圧密応力が作用している．さらに別の主応力を作用させたところ粉体層は崩壊した．さらに加えた主応力の大きさを求めよ．

計算問題 II

重力加速度は $9.81\,\mathrm{m\cdot s^{-2}}$,円周率は 3.14. 20℃,1気圧の水および空気の密度と粘度を以下に示す.

	密度 [$\mathrm{kg\cdot m^{-3}}$]	粘度 [$\mathrm{Pa\cdot s}$]	表面張力 [$\mathrm{N\cdot m^{-1}}$]	ボルツマン定数 [$\mathrm{J\cdot K^{-1}}$]
水	998	1.00×10^{-3}	0.0728	1.38×10^{-23}
空気	1.21	1.82×10^{-5}	—	

2. 粒子および粉体の基礎物性

[2-1] 一辺 0.1 mm と 1 mm の立方体粒子がそれぞれ 1,000 個と 10 個ある時,以下の問に答えよ.ただし,0.1 mm 角粒子の質量は $3\,\mu\mathrm{g}$,1 mm 角粒子は 3 mg とする.

1) 粒子の全体量を個数基準,表面積基準,質量基準で表せ.
2) 0.1 mm 角粒子の存在割合を個数基準,表面積基準,質量基準で表せ.
3) 個数基準と質量基準で算術平均径を求めよ.
4) 体積基準比表面積を求めよ.
5) 比表面積径を求めよ.
6) 体積基準の調和平均径は比表面積径に等しいこと確かめよ.
7) 幾何平均径を求めよ.
8) 質量基準比表面積を求めよ.

計算問題Ⅱ

[2-2] 次の表はある粉体 100 g のふるい分け結果である．以下の問に答えよ．

篩区間 [μm]	残留量 [g]	区間平均径 [μm]	Q [%]	ΔQ [%]	$\bar{q}$ [%·μm^{-1}]	$\bar{q}^*$ [%]
+0–45	4	(イ)	4	4	0.089	—
+45–75	7	60	11	(ロ)	(ハ)	13.7
+75–125	12	(ニ)	23	12	(ホ)	(ヘ)
+125–212	18	168.5	(ト)	18	0.207	34.1
+212–355	20	283.5	61	(チ)	0.140	(リ)
+355–600	17	477.5	78	17	(ヌ)	32.4
+600–1,000	11	(ル)	(オ)	11	0.028	21.5
+1,000–1,700	7	1350	96	(ワ)	0.01	(カ)
+1,700	4	—	(ヨ)	4	—	—

1) (イ)〜(ヨ) を埋めよ．
2) 粒子径を普通軸に取り，粒子径分布をヒストグラム表示せよ．
3) 粒子径を対数軸に取り，粒子径分布をヒストグラム表示せよ．
4) 積算粒子径分布を普通方眼紙，片対数紙，対数確率紙上にプロットせよ．
5) 粒子径分布の中位径，幾何標準偏差を求めよ．
6) 表から，質量基準の算術平均径を求めよ．
7) 表から，質量基準の調和平均径を求めよ．
8) 表から，比表面積形状係数を 6 として体積基準の比表面積を求めよ．

[2-3] 粒子径分布がロジン・ラムラー分布 $Q(x) = 1 - \exp(-bx^n)$ (ただし $n > 1$) で近似できる粉体がある．次の問に答えよ．

1) 密度分布関数を導け．
2) モード径を求める式を導け．
3) メディアン径を求める式を導け．

[2-4] 粒子径 x [μm] の分布がゴーダン・シューマン分布 $Q(x) = (x/60)^{1.2}$ で表される粉体がある．この粉体の質量基準の比表面積はいくらか．

ただし，粒子密度は $2.5\times10^3\,\mathrm{kg\cdot m^{-3}}$，比表面積形状係数は7であり，最小粒子径は $0\,\mu\mathrm{m}$ とする．

[2-5] 次の表は，活性炭 $0.5\,\mathrm{g}$ の窒素吸着法による測定結果である．BET式を用いて活性炭の比表面積と比表面積径を求めよ．またBET一点法によっても計算し，3点法の測定結果と比較せよ．ただし窒素の飽和蒸気圧は $101.33\,\mathrm{kPa}$，アボガドロ数は 6×10^{23} とする．吸着温度 $77\,\mathrm{K}$ における窒素分子の1個の吸着占有面積は $17\times10^{-20}\,\mathrm{m^2}$ で，吸着量は標準状態における体積で表してある．また活性炭の密度は，$2.5\times10^3\,\mathrm{kg\cdot m^{-3}}$ である．

窒素圧力 $P\,[\mathrm{kPa}]$	8.96	11.87	15.44
吸着量 $v\,[\mathrm{m^3}]$	1.230×10^{-4}	1.321×10^{-4}	1.395×10^{-4}

[2-6] 内径 $100\,\mathrm{mm}$，深さ $100\,\mathrm{mm}$ の容器に粒子密度 $3,900\,\mathrm{kg\cdot m^{-3}}$ のアルミナ粒子を $400\,\mathrm{g}$ と粒子密度 $7,500\,\mathrm{kg\cdot m^{-3}}$ の鉄粒子を $500\,\mathrm{g}$ 混合充填したら，ちょうど容器一杯になった．空間率，空間比，見かけ密度を求めよ．

[2-7] 空間率が 0.585 の顆粒を充填したところ，充填層の見かけ密度は $580\,\mathrm{kg\cdot m^{-3}}$ であった．顆粒を形成する粒子の密度を $2.5\times10^3\,\mathrm{kg\cdot m^{-3}}$ として次の問に答えよ．
　1）充填層の充填率を求めよ．
　2）顆粒の充填率を求めよ．
　3）顆粒の見かけ密度を求めよ．

[2-8] 酸化鉄の多孔質焼結体 $10.126\,\mathrm{g}$ を水に入れたのち脱気し，試験片の空隙を完全に水で満たした．この含水試験片の質量は $12.090\,\mathrm{g}$ であった．電子天秤に載せた水の入ったビーカーにこの含水試験片を吊して入れたところ，電子天秤の値が $3.932\,\mathrm{g}$ 増加した．
　1）この試験片の体積を求めよ．
　2）この試験片の空隙体積を求めよ．

計算問題 II

3) この試験片の充填率を求めよ．
4) この試験片の密度を求めよ．

3. 粉体の生成

[3-1] 同一試料で，粒子径が $100\,\mu\mathrm{m}$ の粒子の強度は，粒子径 $1\,\mathrm{mm}$ の粒子の強度の 2.5 倍であった．この強度の差をグリフィスの理論で説明すると粒子径 $1\,\mathrm{mm}$ の粒子内にあるクラックの大きさは，$100\,\mu\mathrm{m}$ の粒子の何倍になるか．

[3-2] ワイブルの均一係数が 10.2 の岩石がある．以下の問に答えよ．
1) 粒子径が 100 分の 1 になると強度は何倍になるか．
2) 同じく粒子径が 100 分の 1 になると単位質量当たりの破砕エネルギーは何倍になるか．
3) 粒子径が 2 分の 1 になると，粒子 1 個の破砕エネルギーは何分の 1 になるか．

[3-3] 粒子径 x の粉体を粒子径 $0.5x$ に粉砕するのに 20 J を要した．さらに粒子径を半分の $0.25x$ に粉砕するのに同じく 20 J を要した．この粉砕におけると仕事量と粒子径の関係はキック，リッチンガーのいずれの法則に従うか．

[3-4] ボンドの法則が成立する時，仕事量と増加比表面積の関係を求めよ．

[3-5] $Q(x)=1-\exp\{-(x/300)^{1.2}\}$（粒子径 $x\,[\mu\mathrm{m}]$）の分布を持つ砕料をボールミル粉砕した結果，$Q(x)=1-\exp\{-(x/15)^{1.2}\}$ の分布の砕成物が得られた．ボンドの法則が成立する時の粉砕仕事量を求めよ．ここで砕料の仕事指数が $9.0\,\mathrm{kWh\cdot t^{-1}}$ とする．

[3-6] 砕成物（粉砕産物）がロジン・ラムラー分布で $Q(x)=1-\exp(-370\,x^{1.2})$ で表される粉砕機がある．ただし，粒子径 x の単位は [cm] である．この粉砕機を使って粒子径 $100\,\mu\mathrm{m}$ 以下の粉体を毎時 $100\,\mathrm{kg}$ 生産

したい．粉砕機の能力は毎時何 kg となるか．

[3-7] 粒子径が 1.18～1 mm の石灰石 180 g をボールミルで粉砕し，次の実験データを得た．この結果を使い，式（3.35）の速度定数 $k_1[\mathrm{s}^{-1}]$ を決定せよ．

粉 砕 時 間 [s]	60	180	300
未粉砕試料の質量 [g]	89.3	27.9	8.0

[3-8] 等量の A 成分と B 成分からなるキャットフードがある．A 成分も B 成分も直径 10 mm の顆粒体で重さは 0.5 g である．キャットフードは 1 袋 2 kg である時，袋間の成分変動係数の最小値を求めよ．

4. 場の中での粒子と粉体の挙動

[4-1] 沈降セルを毎分 3,000 回の回転速度で回転し，1 μm の球粒子を水中で遠心沈降させる時，次の問に答えよ．ただし，粒子密度は $4.0\,\mathrm{kg\cdot L^{-1}}$ とする．
  1) 回転中心から水面までの距離が 10 cm である時，水面にある粒子の沈降速度を求めよ．
  2) セルの深さが 3 cm の時，水面にある粒子がセル底部まで達する時間を正確に求めよ．
  3) 2) の時間を近似的に求め，比較せよ．

[4-2] 粒子径が 1 μm で密度が $2.7\times10^3\,\mathrm{kg\cdot m^{-3}}$ の粒子を，空気中で $E=4\times10^5\,\mathrm{V\cdot m^{-1}}$ の水平電場中に置いた時次の問に答えよ．ただし，この粒子は電気素量（$1.60\times10^{-19}\,\mathrm{C}$）の 1.5 倍の正の電荷を持っているものとする．
  1) カニンガムの補正を無視した場合の水平方向移動速度を求めよ．
  2) 大気圧を 100 kPa として，カニンガム補正をした場合の水平方向

計算問題Ⅱ

移動速度を求めよ．

[4-3] 直径 50 nm の粒子が 20℃ の水中でブラウン拡散により 1 cm の範囲に広がる時間を求めよ．

[4-4] 密度 $2.5\,\mathrm{g\cdot cm^{-3}}$，粒子径 $10\,\mu\mathrm{m}$ の粒子を，20 mass% の濃度で沈降させた．粒子は完全に分散しているものとして，粒子群の沈降速度をシュタイナーの式，リチャードソン・ザキの式，ハッペルの式から求めよ．

[4-5] 大・中・小の粒子それぞれ 10 kg，計 30 kg を分級したところ，粗粒側には R [kg]，細粒側には U [kg] 回収された．粗粒側には大・中・小の粒子が 0.5, 0.35, 0.15, 細粒側には 0, 0.30, 0.70 の割合で含まれていた．供給された粒子は全て回収されたとして，次の問に答えよ．

 1) 粗粒回収量 R [kg] と細粒回収量 U [kg] を求めよ．
 2) 大・中・小粒子の部分分離効率（粗粒側への配分率）を求めよ．
 3) 分級の目的が大・中粒子と小粒子に分けることである時，この分級機のニュートン効率はいくらか．

[4-6] 次の表は石灰石をボールミルで粉砕した後ふるい分級した結果である．製品とする細粉 14.5 kg と粗粉 41.6 kg を得た．

粒子径 [mm]	0–0.4	0.4–0.5	0.5–0.6	0.6–0.7	0.7–0.8	0.8–1.0	1.0–1.4	1.4–
細粉中割合 [%]	13.1	7.5	20.8	34.8	22.5	1.3	0	0
粗粉中割合 [%]	0	0.1	0.3	2.9	15	27.2	54.5	0

 1) 原料，細粉，粗粉の積算粒子径分布を求めよ．
 2) 部分分離効率曲線を求めよ．
 3) 50% 分離粒子径を求めよ．
 4) 50% 分離粒子径を分離粒子径として，ニュートン効率を求めよ．

[4-7] 水平に張られた目開き 10 cm のネットに，直径 8 cm のボールをネット上の任意の位置から 100 回落とした．次の問に答えよ．

 1) ネットを通過したのは 100 回のうち何回か．
 2) このネットの通過確率が 50% となるボールの直径はいくらか．

計算問題 II

[4-8] $5\,\mu\mathrm{m}$ と $7\,\mu\mathrm{m}$ のシリカ粒子が等量混じった粉体を，沈降管を用いた水簸操作によって回分分級したい．次の問に答えよ．ただしシリカの密度は $2.5\,\mathrm{g\cdot cm^{-3}}$，液の深さは $1\,\mathrm{m}$ とする．

1) 深さ $50\,\mathrm{cm}$ のところで液を抜く時，沈降開始から何秒後に抜けばよいか．
2) 原料粉体中の何％の微粉が分級されるか．
3) この時のニュートン効率はいくらか．
4) 液を抜く深さを変えると，分級される微粉量が変わるが，1回の操作で分級される微粉量は 50% を越えないことを示せ．

[4-9] 粒子径 $1\,\mu\mathrm{m}$，密度 $4.0\times 10^3\,\mathrm{kg\cdot m^{-3}}$ のアルミナ粒子で $50\,\mathrm{mass\%}$ のスラリーを調製して，沈降実験をしたところ堆積物の空間率は 0.4 であった．干渉沈降速度が $u_\mathrm{c}=u_\infty(1-\phi)^{4.65}$ で表される時以下の問に答えよ．ここで u_∞ は自由沈降時の終末沈降速度，ϕ は粒子の体積濃度である．

1) 粒子の質量沈降流速を求めよ．
2) 清澄層とスラリー層界面の沈降速度を求めよ．
3) スラリー層と堆積層界面の上昇速度を求めよ．
4) スラリーの初期高さが $10\,\mathrm{cm}$ の時，沈降が終了する時間を求めよ．

[4-10] 粒子密度 $\rho_\mathrm{p}[\mathrm{kg\cdot m^{-3}}]$，分散媒液密度 $\rho_\mathrm{f}[\mathrm{kg\cdot m^{-3}}]$，質量濃度が $s[\text{—}]$ のスラリーについて次の問に答えよ．

1) スラリーの密度 $\rho_\mathrm{s}[\mathrm{kg\cdot m^{-3}}]$ を求めよ．
2) 粒子の体積濃度 $\phi[\text{—}]$ を求めよ．
3) s と ϕ の関係を，ρ_s と ρ_p の関係で表せ．

[4-11] $100\,\mathrm{kPa}$ の沪過圧力で $1.0\,\mathrm{mass\%}$ のスラリーを沪過したところ，ケークの平均沪過比抵抗は $1.70\times 10^{10}\,\mathrm{m\cdot kg^{-1}}$ となった．粒子の密度は $2{,}500\,\mathrm{kg\cdot m^{-3}}$，また沪材の抵抗は無視できるとして，このスラリー $10\,\mathrm{L}$ を1時間以内に沪過するのに必要な沪過面積を求めよ．

計算問題 II

[4-12] 充塡層集塵において，厚さ 10 cm の充塡層で出口濃度が入り口濃度の 1/2 になった．1/4 にするための層高を求めよ．

5. 粉体の力学

[5-1] 直径 5 μm と 10 μm のガラスビーズからなる 2 つの粉体層がある．空間率は共に 0.43 である時，それぞれの粉体層の引張強度を推定せよ．ただし，粒子間にはファンデルワールス力と液架橋力が働いていて，ハマーカー定数は 11.0×10^{-20} J，接触角は 0° とする．

[5-2] 粉体層について以下の問に答えよ．
1) 粉体層で，最大主応力を 10 kPa，最小主応力を 5 kPa とする時のモールの応力円を描け．
2) 剪断応力が最大になる面を粉体層の中に図示し，最大剪断応力の値を求めよ．
3) 1) で描いたモール円の図に，引張強度が 0 で内部摩擦角が 30° のクーロン破壊基準を描き，1) の応力状態で粉体層は破壊するか否か答えよ．
4) 引張強度が 0 で内部摩擦角が 30° の粉体層に，最大主応力を 10 kPa 一定として最小主応力を変化させた時，あるところで粉体層がすべり出した．最大主応力面とすべり面のなす角をモール円上に示し，その値を求めよ．

[5-3] 嵩密度が 1.2 kg・L^{-1}，単純圧縮破壊強度が 0.98 kPa の粉体で円柱を作った．自立できる最大の高さ（流動性指数）を求めよ．

[5-4] 小麦充塡層の一面剪断試験を行ったところ，垂直応力が 28.5 kPa，剪断応力が 17.1 kPa で剪断された．小麦粉をクーロン粉体として内部摩擦角，崩壊時の主応力，ランキン定数を求めよ．

[5-5] 前問の小麦を直径 2 m のサイロに貯蔵したところ，嵩密度は 863 kg・

m^{-3} となった．壁面摩擦係数を 0.30 として，深さ 2, 10, 18, 24, ∞ m における水平面と壁面に働く圧縮応力を求め，静水圧と比較せよ．

[5-6] 3 分間で砂が全て落ちる砂時計の真ん中の穴径は 1 mm であった．1 分間で砂が全て落ちる砂時計を作るためには穴径はいくらにすればよいか概算せよ．

[5-7] 内径 10 cm の円筒に充填された厚さ 50 cm，粒子密度 1.5 g·cm^{-3}，比表面積相当径 0.1 mm の粒子層に気体を透過し，浮遊させたい．最低どれだけの圧力差を加えればよいか．また，その時の流速はいくらか．粒子層の空間率は 0.45 で流動化開始まで変わらないものとする．

内容確認問題解答

[1-1]　1) 溶解性，反応性の促進
　　　　2) 流れやすくする
　　　　3) 組成，構造を制御しやすくする
　　　　4) 成分の分離がしやすくする

[2-1]　粒度；粒子の大きさ．粒子径；粒子の大きさを長さで示したもの
[2-1]　身長；長径，体重；体積相当径
[2-3]　光散乱相当径．粒子による光散乱パターンに最も近い散乱パターンを与える，粒子と同じ屈折率を持つ球の直径
[2-4]　ストークス径，沈降速度径，沈降相当径．粒子の沈降速度と同じ終末沈降速度を持つ，粒子と同じ密度の球の直径
[2-5]　表2.1のいずれかの代表粒子径
[2-6]　形状指数，形状係数
[2-7]　真密度；粒子体積に閉気孔を含めない粒子密度
　　　　粒子密度；粒子体積に閉気孔も含む粒子密度
　　　　見かけ粒子密度；割れ目や凹みなどの開気孔も粒子体積に含めた粒子密度
　　　　真密度≧粒子密度≧見かけ粒子密度
[2-8]　「密度 $1.2\,\mathrm{g\cdot cm^{-3}}$」　or　「比重1.2」
[2-9]　良；液体が充塡層に浸透し上昇
　　　　悪；液体は充塡層に浸透しない
[2-10]　数mm　→　数百m
[2-11]　代表性を失わずにサンプリングすること
[2-12]　$3\,\mu\mathrm{m}$
[2-13]　ふるい網，板ふるい，電成ふるい
[2-14]　ふるい面上に数層．5〜10分

内容確認問題解答

[2-15] ストークス径，沈降速度径，沈降相当径．粒子の沈降速度と同じ終末沈降速度を持つ，粒子と同じ密度の球の直径
[2-16] 数十 μm 以下
[2-17] 沈降時間とその時刻における光の透過量
[2-18] 光散乱相当径．粒子による光散乱パターンに最も近い散乱パターンを与える，粒子と同じ屈折率を持つ球の直径
[2-19] 大きさ；散乱パターン
　　　 量　　；散乱強度
[2-20] 数十 nm～約 3 mm
[2-21] 散乱強度分布を数百回以上測定し，平均値から粒子径分布を算出するから
[2-22] 測定時間が短い，操作が簡単，自動化が容易
[2-23] サブミクロン粒子の測定には粒子の屈折率が必要
[2-24] 体積（球）相当径
[2-25] 個々の粒子体積を実測できる
　　　 測定に当たって，密度や屈折率などの粒子物性が不必要である
[2-26] 拡散相当径
[2-27] 積算分布，ヒストグラム，密度分布
[2-28] 対数軸
[2-29] 対数正規分布，ロジン・ラムラー分布，(正規分布，ゴーダン・シューマン分布も可）
[2-30] 標準偏差＝0 μm（長さの単位であれば mm でも cm でも可），幾何標準偏差＝1.0
[2-31] メディアン径，中位径
[2-32] 粒子径分布より算出，空気透過法，吸着法（BET 法）
[2-33] 1 μm 以上
[2-34] 1 μm 以下
[2-35] 空気透過法では粒子の外表面だけを測定対象にするが，ガス吸着法では，粒子内部に無数にある微細孔内にも吸着ガス分子が入り込み吸着するため
[2-36] 粒子の形をできるだけ球に近づけ，表面を平滑にして摩擦係数を下げる
[2-37] 12
[2-38] ペンデュラー，ファニキュラー，キャピラリー，浸漬状態

内容確認問題解答

[3-1]

	長　所	短　所
粉砕法	プロセスが単純，大量処理，低製造コスト	粒子径分布が広い，コンタミが多い，形状制御不可
成長法	ナノ粒子の製造可，粒子径・形態・組成の制御可，新規材料合成	高製造コスト，化学プロセス，少量生産

[3-2]　面圧力，打撃，点・線圧力，剪断力，反発力

[3-3]　引張強度

[3-4]　引張強度

[3-5]　無欠陥の材料

[3-6]　ヤング率，表面張力，格子定数

[3-7]　微少クラック，欠陥，キズ

[3-8]　A：弾性ひずみ，B：表面

[3-9]　K；引張応力とクラックの大きさ
　　　K_c；表面張力，ヤング率

[3-10]　$K > K_c$

[3-11]　砕料内の欠陥サイズにバラツキがあるから

[3-12]　破砕は最も大きな（弱い）クラックを基点にして起きるため，破砕産物中の最大クラックはだんだん小さくなってくるので，強度は上がってくる

[3-13]　気相．分子の拡散は気相の方が早いため反応速度が速くなるから

[3-14]　液相．分子の拡散が遅く反応がゆっくり進むため，制御しやすい

[3-15]　蒸発凝縮法（PVD），気相合成法（CVD）

[3-16]　沈殿法，脱溶媒法

[3-17]　種結晶を入れて過飽和食塩水を静かに冷却する

[3-18]　新生表面エネルギー（リッチンガー），弾性ひずみエネルギー（キック）

[3-19]　1トンの砕料を無限大の大きさから $100\,\mu m$ まで粉砕するに必要な仕事量

[3-20]　任意の粒子径に着目する方法と，比表面積のように砕料全てに着目する方法

[3-21]　ボールミル；打撃，剪断力
　　　　ビーズミル；剪断力
　　　　ピンミル；反発
　　　　ジェットミル；反発

[3-22]　粒子とビーズの衝突（磨砕）回数が増えるように，ビーズ径を小さくする

[3-23]　滞留時間が短く温度上昇が避けられるため

[3-24]　省略

内容確認問題解答

[3-25] 強制造粒,自足造粒,懸濁液の乾燥固化,液相造粒
[3-26] 偏析
[3-27] サンプルサイズを粒子径に取ると完全分離になり,粉体全体にすると完全混合になるから
[3-28] 混合；乾燥粉体
混練・捏和；粉体をほぐしながら,その表面を液体やペーストで濡らし,被覆,分散する操作

[4-1] 空気の密度は粒子密度の千分の一以下で小さいから
[4-2] 重力によって粒子は沈降速度を増すが,沈降速度が増すと流体抵抗も増し粒子の沈降にブレーキをかけ,やがて重力と流体抵抗が等しくなる速度に達する.これを終末沈降速度と呼ぶ
[4-3] レイノルズ数
[4-4] ストークス,アレン,ニュートンの抵抗則
[4-5] 静止流体中に打ち込まれた粒子の速度が,初速度の $1/e = 0.368$ 倍になるまでの時間
[4-6] 静止流体中に打ち込まれた粒子が静止するまで移動した距離
[4-7] 大雑把に空気中 $50\,\mu m$ 以下,水中 $100\,\mu m$ 以下
[4-8] 遠心加速度が回転半径に比例して大きくなるから
[4-9] 導電体.電極と粒子の間で電荷が移動し電極と同じ符号になる
[4-10] 勾配
[4-11] 粒子周りの媒体(流体)が連続体と見なせなくなるから
[4-12] 粒子同士がお互いに影響を及ぼし合いながら沈降するから.沈降した粒子と同体積の流体が上昇するから
[4-13] 円柱状の沈降管と三角フラスコにスラリーを入れて,沈降速度を比較する
[4-14] $1\,\mu m$ 以下
[4-15] 粒子の帯電状態が pH によって変わるから
[4-16] 分離；明らかに性質の違う物質を分ける
分級；物理的性質が連続的に変化している物質を分ける
[4-17] 供給原料のうち完全に分離される質量割合
[4-18] 大粒子；$1/1 = 1.0$
中粒子；$0.6/1 = 0.6$
小粒子；$0.1/1 = 0.1$
[4-19] 目開き範囲；$3\,\mu m$〜数十 cm,多用される粒子径範囲；数十 μm 以上

内容確認問題解答

- [4-20] 試料粉体を水に分散してよく攪拌したのち，一定時間放置しある深さの位置で液を排出する．「液を排出する深さ＝放置時間×分離径の沈降速度」の関係がある
- [4-21] ジグ，シックナー
- [4-22] サスペンション，泥漿，スラリー，スラッジ
- [4-23] 単位時間に単位面積を通過する体積（質量）
- [4-24] 自由沈降；粒子が個々に沈降する
  集合沈降；清澄層と沈降層の間にはっきりとした界面を形成して沈降
  成相沈降；はっきりとした界面を形成するが，上層部では粒子は自由沈降し清澄層ではなく白濁層となる
- [4-25] ルーバー型集塵機，インパクター
- [4-26] 水の粘度は空気の約50で，粒子と水の密度差が小さいために，粒子が流れに追随しやすいから
- [4-27] 遠心力と流体抗力．流体を外周から中心に流すと，流体抗力は中心に向かって，遠心力は外側に向かって作用する．流体抗力は粒子径の2乗に遠心力は3乗に比例するので，大きな粒子は外周から，小さい粒子は流れとともに中心から排出される
- [4-28] サイクロン
- [4-29] ケーク沪過，内部沪過
- [4-30] 重力，拡散，さえぎり，慣性捕集
- [4-31] 1μm以下の微粒子の捕集が可能，低圧損，高温で集

- [5-1] 付着力，摩擦力，圧縮力
- [5-2] 粒子を接触粒子（壁面）から引き離すに要する力
- [5-3] 液架橋力，ファンデルワールス力
- [5-4] 直接測定法・原子間力顕微鏡法，遠心分離法，衝撃分離法
- [5-5] ルンプ式
- [5-6] 水中；剪断応力が全く働かない
  粉体層；剪断応力が働く
- [5-7] 剪断応力がゼロとなる面
- [5-8] 互いに直交
- [5-9] モールの応力円
- [5-10] 破壊崩壊曲線（PYL）
- [5-11] 粉体層中に，剪断応力／垂直応力の比がある値になる面があると，その面で

内容確認問題解答

すべり出すような粉体
[5-12] 内部摩擦係数；粉体層がすべり出す時の剪断応力／垂直応力の比（τ/σ）
内部摩擦角 ϕ_i；$\tan\phi_i = \tau/\sigma$
[5-13] 粉体層と容器壁間に働く摩擦力が粉体層重量を支えるため
[5-14] 粉体層表面と水平面のなす角．流動性
[5-15] オリフィス上部にダイナミックアーチが形成され，上部にある粒子の重量は一旦ダイナミックアーチで支えられ，その後粒子がダイナミックアーチから落下するため
[5-16] 粉体崩壊曲線
[5-17] ジェニケ剪断試験器，リング式剪断試験器，平行平板型剪断試験器
[5-18] 予圧密方向に引張破断するから
[5-19] ロスコー状態図
[5-20] コゼニー・カルマン式
[5-21] 固定層→流動層；固定層の圧力損失＞粉粒体層自重
流動層→浮遊・輸送層；風速＞粒子終末沈降速度
[5-22] バブリング，スラッギング，チャネリング
[5-23] 連続体力学法，モンテカルロ法，離散要素法

計算問題 I 解答

[2-1] 円面積相当径；球は 11.5 mm, 立方体は, $\frac{\pi}{4} x_H^2 = 10 \times 10$

$\therefore x_H = 11.3$ mm, 球＞立方体

円周相当径；球は 11.5 mm, 立方体は, $\pi x_L = 4 \times 10$ $\therefore x_L = 12.7$ mm

球＜立方体

体積球相当径；球は 11.5 mm, 立方体は, $\frac{\pi}{6} x_V^3 = 10 \times 10 \times 10$

$\therefore x_V = 12.4$ mm 球＜立方体

表面積球相当径；球は 11.5 mm, 立方体は, $\pi x_S^2 = 6 \times 10 \times 10$

$\therefore x_S = 13.8$ mm 球＜立方体

[2-2] 正方形；$\frac{\pi}{4} x_H^2 = 1^2$, $\pi x_L = 4 \times 1$. $\therefore \varphi_{HL} = \frac{\sqrt{4/\pi}}{4/\pi} = \frac{\sqrt{\pi}}{2} = 0.886$

長方形；$\frac{\pi}{4} x_H^2 = 1 \times 2$ $\pi x_L = 2(1+2)$. $\therefore \varphi_{HL} = \frac{\sqrt{8/\pi}}{6/\pi} = \frac{\sqrt{2\pi}}{3}$

$= 0.836$

[2-3] $V = \psi_V x^3 = 1^3$ $\therefore \psi_V = 1$

$S = \psi_S x^2 = 6 \times 1$ $\therefore \psi_S = 6$

$S_V = \frac{S}{V} = \frac{\psi_S x^2}{\psi_V x^3} = \frac{\psi}{x} = \frac{6}{1}$ $\therefore \psi = 6$

[2-4] $V = \psi_V x^3 = \frac{\pi}{6} x^3$ $\therefore \psi_V = \frac{\pi}{6}$

$S = \psi_S x^2 = \pi x^2$ $\therefore \psi_S = \pi$

$S_V = \frac{S}{V} = \frac{\psi_S x^2}{\psi_V x^3} = \frac{\psi}{x} = \frac{\pi}{\pi/6}$ $\therefore \psi = 6$

[2-5] $x = \frac{6}{S_V} = \frac{6}{6 \times 10^6} = 10^{-6}$ [m] $= 1$ [μm]

計算問題 I 解答

[2-6] $\rho_p = \dfrac{20}{70+20-80} \times 998 = 2,000 \ [\text{kg}\cdot\text{m}^{-3}]$

[2-7] $h = \dfrac{2\gamma\cos\theta}{r\rho_f g} = \dfrac{2\times 0.0728 \times \cos 0}{1.5\times 10^{-3} \times 998 \times 9.81} = 0.0099 \ [\text{m}] \quad 1 \ [\text{cm}]$

[2-8] R 40/3 ; $1.5\times 10^{3/40} = 1.8$ [mm], R 20 ; $1.5\times 10^{1/20} = 1.7$ [mm]

[2-9] $S_m = \dfrac{(1.28\times 10^{-19})(6.022\times 10^{23})}{0.7\times 10^{-3}} \times \dfrac{3.15\times 10^{-5}}{22.4\times 10^{-3}} = 1.55\times 10^5 \ [\text{m}^2\cdot\text{kg}^{-1}]$

2) 式 (2.41) から

$x = \dfrac{6}{2.41\times 10^3} \times \dfrac{1}{1.55\times 10^5} = 16.1\times 10^{-9} \ [\text{m}]$

[2-10] $1 \ \text{L} = 10^{-3} \text{m}^3$, $300 \ \text{g} = 0.3 \ \text{kg}$ ∴ $\dfrac{0.3}{10^{-3}} = 300 \ [\text{kg}\cdot\text{m}^{-3}] = 0.3 \ [\text{g}\cdot\text{cm}^{-3}]$

[2-11] かさ密度＝充填率×粒子密度　より

粉体粒子 $0.3 \ \text{kg}$ の体積は $\dfrac{0.3}{1,300} = 0.231\times 10^{-3} \ [\text{m}^3] = 0.231 \ [\text{L}]$.

よって，充填率 $= 0.231$

[2-12] $\varepsilon = 1 - \phi = 1 - 0.231 = 0.769$, $e = \dfrac{0.769}{0.231} = 3.33$

[3-1] 式 (3.1) より，$P = \dfrac{\pi x^2 S_s}{2.8} = \dfrac{3.14\times 0.01^2 \times 27\times 10^6}{2.8} = 3.03 \ [\text{kN}]$

$\dfrac{3030}{9.81} = 309 \ [\text{kg}]$

[3-2] $\sigma\sqrt{\pi C} > K_c$ より $C > \dfrac{K_c^2}{\pi\sigma^2}$

スチール合金：$796 \ \mu\text{m}$，アルミナ：$7.96 \ \mu\text{m}$

[3-3] 式 (3.17) より，$\left\{\left(\dfrac{1}{2}\right)^3\right\}^{-1/11.9} = 1.19$

[3-4] 式 (3.18) より，$\dfrac{E}{M} = \dfrac{0.897\times 3.14^{2/3}}{2200}\left(\dfrac{1-0.16}{73.5\times 10^6}\right)^{2/3}(27\times 10^6)^{5/3}$

$= 108 \ [\text{J}\cdot\text{kg}^{-1}]$

[3-5] リッチンガー：$E_1 = C_R\left(\dfrac{12}{x} - \dfrac{6}{x}\right)$ ∴ $C_R = \dfrac{xE_1}{6}$

$$E_2 = C_R \left(\frac{24}{x} - \frac{12}{x} \right) = 2 E_1$$

キック；$E_1 = C_K \ln \dfrac{x}{x/2} = \ln 2 \cdot C_K \quad \therefore C_K = \dfrac{E_1}{\ln 2}$

$$E_2 = C_K \ln \frac{x/2}{x/4} = \ln 2 \cdot C_K = E_1$$

ボンド；$E_1 = C_B \left(\dfrac{1}{\sqrt{x/2}} - \dfrac{1}{\sqrt{x}} \right) = \dfrac{\sqrt{2}-1}{\sqrt{x}} C_B \quad \therefore C_B = \dfrac{\sqrt{x} \, E_1}{\sqrt{2}-1}$

$$E_2 = C_B \left(\frac{1}{\sqrt{x/4}} - \frac{1}{\sqrt{x/2}} \right) = \frac{2-\sqrt{2}}{\sqrt{2}-1} E_1 = \sqrt{2} E_1$$

[3-6] 式（3.33）より $W = 100 \times 14 \left(\sqrt{\dfrac{100}{147}} - \sqrt{\dfrac{100}{5610}} \right) = 968 \ [\mathrm{kWh \cdot t^{-1}}]$

[3-7]

粉砕時間 [s]	0	60	180	300
未粉砕試料質量分率 [―]	1.0	0.496	0.155	0.0444

式（3.38）より，$\ln R = -k_1 t$

$k_1 = -\dfrac{\ln 0.0444}{300} = 0.0104 \ [\mathrm{s^{-1}}]$

[3-8] 平均濃度：0.347，標準偏差：0.0517，変動係数：14.8%

[4-1] 1) 水中：$u_\infty = \dfrac{(2500-998) \times 9.81 \times 10^{-10}}{18 \times 1.0 \times 10^{-3}} = 0.0819 \times 10^{-3} \ [\mathrm{m \cdot s^{-1}}]$

空気中：$u_\infty = \dfrac{(2500-1.21) \times 9.81 \times 10^{-10}}{18 \times 1.82 \times 10^{-5}} = 7.48 \times 10^{-3} \ [\mathrm{m \cdot s^{-1}}]$

2) 水中：$Re_p = \dfrac{10^{-5} \times 0.0819 \times 10^{-3} \times 998}{1.0 \times 10^{-3}} = 0.817 \times 10^{-3}$

空気中：$Re_p = \dfrac{10^{-5} \times 7.48 \times 10^{-3} \times 1.21}{1.82 \times 10^{-5}} = 4.97 \times 10^{-3}$

3) 有効重力(水中)：$\dfrac{3.14 \times 10^{-15} \times (2500-998) \times 9.81}{6}$

$\qquad = 7.71 \times 10^{-12} \ [\mathrm{N}]$

流体抗力(水中)：$3 \times 3.14 \times 10^{-3} \times 10^{-5} \times 81.9 \times 10^{-6}$

$\qquad = 7.71 \times 10^{-12} \ [\mathrm{N}]$

計算問題 I 解答

有効重力(空気中)： $\dfrac{3.14 \times 10^{-15} \times (2500 - 1.21) \times 9.81}{6}$

$= 1.28 \times 10^{-11}$ [N]

流体抗力(空気中)： $3 \times 3.14 \times 1.8 \times 10^{-5} \times 10^{-5} \times 7.61 \times 10^{-3}$

$= 1.28 \times 10^{-11}$ [N]

[4-2] 水中： $\dfrac{(2500 + 998/2) \times 10^{-10}}{18 \times 10^{-3}} = 16.7 \times 10^{-6}$ [s]

空気中： $\dfrac{(2500 + 1.21/2) \times 10^{-10}}{18 \times 1.82 \times 10^{-5}} = 0.63 \times 10^{-3}$ [s]

[4-3] $\dfrac{(2500 - 998) \times 10^{-12} \times 0.1 \times (3000 \times 2 \times 3.14/60)^2}{18 \times 10^{-3}} = 0.815 \times 10^{-3}$ [m·s^{-1}]

式 (4.25)： $0.1 \times \exp\left\{\dfrac{(2500 - 998) \times 10^{-12} \times (3000 \times 2 \times 3.14/60)^2 \times 30}{18 \times 10^{-3}}\right\}$

$- 0.1 = 27.7 \times 10^{-3}$ [m]

式 (4.26)： $0.815 \times 10^{-3} \times 30 = 24.5 \times 10^{-3}$ [m]

[4-4] 1) $u_E = \dfrac{1.5 \times 1.6 \times 10^{-19} \times 4 \times 10^5}{3 \times 3.14 \times 10^{-3} \times 10^{-6}} = 10.2 \times 10^{-6}$ [m·s^{-1}]

2) $Cc = 1 + \dfrac{15.39 + 7.518 \times \exp(-0.0741 \times 1 \times 10^2)}{1 \times 10^2} = 1.15$

$u_E = 1.15 \times 10.2 \times 10^{-6} = 11.7 \times 10^{-6}$ [m·s^{-1}]

[4-5] シュタイナー式： $(1 - 0.1)^2 \times 10^{-1.82 \times 0.1} = 0.533$

リチャードソン・ザキ式： $(1 - 0.1)^{4.65} = 0.613$

[4-6] 水中： $\sqrt{\dfrac{2 \times 1.38 \times 10^{-23} \times 293}{3 \times 3.14 \times 10^{-3} \times 10^{-5}}} = 0.293 \times 10^{-6}$ [m]

空気中： $\sqrt{\dfrac{2 \times 1.38 \times 10^{-23} \times 293}{3 \times 3.14 \times 1.82 \times 10^{-5} \times 10^{-5}}} = 2.17 \times 10^{-6}$ [m]

[4-7] $\sqrt{\dfrac{18 \times 10^{-3}}{(2700 - 998) \times 9.81} \dfrac{0.15}{300}} = 24.8 \times 10^{-6}$ [m]

[4-8] スチール： $C_f = 0.4$, $C_a = 35/40 = 0.875$, $C_b = 5/60 = 0.0833$

$\eta_N = \dfrac{(0.4 - 0.0833)(0.875 - 0.4)}{0.4(1 - 0.4)(0.875 - 0.0833)} = 0.792$

アルミ： $C_f = 0.6$, $C_a = 55/60 = 0.917$, $C_b = 5/40 = 0.125$

$\eta_N = \dfrac{(0.6 - 0.125)(0.917 - 0.6)}{0.6(1 - 0.6)(0.917 - 0.125)} = 0.792$

[4-9] 大粒子： $1/1 = 1.0$, 中粒子： $0.6/1 = 0.6$, 小粒子： $0.1/1 = 0.1$

[4-10] 大／中・小； $\eta_N = 1 - (0.6 + 0.1)/2 = 0.65$
大・中／小； $\eta_N = (1.0 + 0.6)/2 + 0.1/1 = 0.65$

[4-11] $\dfrac{(10-8)(10-8)}{10 \times 10} \times 100 = 4$

[4-12] $7\,\mu\text{m}$ のシリカ粒子が $50\,\text{cm}$ 沈降する時間：

$$0.5 \dfrac{18 \times 10^{-3}}{(2500-998) \times 9.81 \times (7 \times 10^{-6})^2} = 12,65\,[\text{s}] = 3.46\,[\text{h}]$$

[4-13] 回収率：0.25
ニュートン効率：$0.25 - 0 = 0.25$

[4-14] 上澄み層沈降速度：

$$\dfrac{(2500-998) \times 9.81 \times (5 \times 10^{-6})^2}{18 \times 10^{-3}}(1-0.1)^{4.65} = 12.5 \times 10^{-6}\,[\text{m}\cdot\text{s}^{-1}]$$

堆積層上昇速度：$\dfrac{12.5 \times 0.1}{0.1 - 0.4} = -4.16\,[\mu\text{m}\cdot\text{s}^{-1}]$

[4-15] $10\,\text{vol}\%$： $\dfrac{0.1 \times 3.9}{0.1 \times 3.9 + 0.9} \times 100 = 30.2\,[\text{mass}\%]$

$10\,\text{mass}\%$： $\dfrac{0.1/3.9}{0.1/3.9 + 0.9} \times 100 = 2.77\,[\text{vol}\%]$

[4-16] $\rho_p \gg \rho_{\text{air}}$, $x_c = \sqrt{\dfrac{18\mu R v_r}{(\rho_p - \rho_f)v_t^2}}$ に $v_r = \dfrac{Q/60}{2\pi RB}$, $v_t = R\dfrac{2\pi N}{60} = \dfrac{\pi NR}{30}$

を代入 $x_c = \sqrt{\dfrac{135\mu Q}{\rho_p N^2 R^2 B \pi^3}}$ → $x_c = 2.09 \times 10^6 \sqrt{\dfrac{\mu Q}{\rho_p N^2 R^2 B}}\,[\mu\text{m}]$

[4-17] $2.09 \times 10^6 \sqrt{\dfrac{10^{-3} \times 30}{1500 \times 2500^2 \times 0.147^2 \times 0.255}} = 50.4\,[\mu\text{m}]$

[4-18] $L = \dfrac{0.005}{0.1 - 0.005}\dfrac{0.01}{100 \times 10^{-4}} = 0.0526\,[\text{m}]$

[4-19] $m = \dfrac{0.1 \times 2500 + 0.9 \times 998}{0.1 \times 2500} = 4.59$

[4-20] 式 (4.103) で $V_m = 0$ とすると，$K = V^2/t$

$K = \dfrac{(0.01/0.01)^2}{10 \times 60} = 1.67 \times 10^{-3}\,[\text{m}^2 \cdot \text{s}^{-1}]$

[4-21] 式 (4.103) から，$\alpha_{\text{av}} = \dfrac{2P}{\mu\rho_f}\dfrac{1-ms}{sK}$

$5\,\text{vol}\%$の質量分率 $= \dfrac{0.05 \times 2500}{0.05 \times 2500 + 0.95 \times 998} = 0.116$

計算問題 I 解答

$$\alpha_{av} = \frac{2P}{\mu \rho_f} \frac{1-ms}{sK} = \frac{2 \times 2.5 \times 10^6}{10^{-3} \times 10^3} \frac{1-4.6 \times 0.116}{0.116 \times 1.67 \times 10^{-3}}$$
$$= 1.20 \times 10^{10} \text{ [m·kg}^{-1}\text{]}$$

[4-22] $\frac{1-0.001}{1} \times 100 = 99.9$ [%]

[4-23] 80% 捕集 → $\frac{C_i - C_o}{C_i} = 0.8 \rightarrow \frac{C_o}{C_i} = 0.2$

式 (4.128) より, $k = \frac{-1}{L} \ln\left(\frac{C_o}{C_i}\right) = \frac{-1}{0.05} \ln(0.2) = 32.2$

99% 捕集 → $\frac{C_i - C_o}{C_i} = 0.99 \rightarrow \frac{C_o}{C_i} = 0.01$

式 (4.128) より, $L = \frac{-1}{k} \ln\left(\frac{C_o}{C_i}\right) = \frac{-1}{32.2} \ln(0.01) = 0.143$ [m]

[5-1] ハマーカー定数 A や粒子の表面間距離 z が変わらないとすれば, 式 (5.5) からファンデルワールス力は換算粒子径に比例する.
1 μm/1 μm : $X = 0.5$ μm, 0.1 μm/0.1 μm : $X = 0.05$ μm,
1 μm/0.1 μm : $X = 0.1/1.1 = 0.091$ μm
0.1 μm/0.1 μm : 0.1 倍, 1 μm/0.1 μm : 0.182 倍

[5-2] 式 (5.7) より $F = \frac{\varepsilon}{1-\varepsilon} \sigma_z x^2 = \frac{0.55}{1-0.55} \times 100 \times 10^3 \times (100 \times 10^{-6})^2$
$= 0.00122$ [N]

[5-3] 式 (5.10), (5.11) より

垂直応力: $\frac{10+5}{2} + \frac{10-5}{2} \cos(2 \times 30°) = 8.75 \times 10^3$ [Pa]

剪断応力: $\frac{10-5}{2} \sin(2 \times 30°) = 2.17 \times 10^3$ [Pa]

[5-4] 応力: $\sqrt{8.75^2 + 2.17^2} = 9.01$ [kPa]
$\tan^{-1}(8.75/2.17) = 76.1°$

[5-5] $\sin\phi_i = \frac{1-k}{1+k}$, $\therefore k = \frac{1-\sin\phi_i}{1+\sin\phi_i} = \frac{0.5}{1.5} = \frac{1}{3}$

よって, 10/3 kPa か 3×10 kPa の主応力で崩壊する.

計算問題Ⅱ解答

[2-1]

1) 個数基準：$1000 + 10 = 1010$ [—]
   表面積基準：$1000 \times (6 \times 0.1^2) + 10 \times (6 \times 1^2) = 120$ [mm^2] $= 1.2 \times 10^{-4}$ [m^2]
   質量基準：$1000 \times (3 \times 10^{-3}) + 10 \times 3 = 33$ [mg] $= 33 \times 10^{-6}$ [kg]

2) 個数基準：$\dfrac{1000}{1010} = 0.990$

   表面積基準：$\dfrac{1000 \times (6 \times 0.1^2)}{120} = 0.500$

   質量基準：$\dfrac{1000 \times (3 \times 10^{-3})}{33} = 0.090$

3) 個数基準：$0.1 \times \dfrac{1000}{1010} + 1 \times \dfrac{10}{1010} = 0.109$ [mm]

   質量基準：$0.1 \times \dfrac{1000 \times (3 \times 10^{-3})}{33} + 1 \times \dfrac{10 \times 3}{33} = 0.918$ [mm]

4) $\dfrac{1000 \times (6 \times 0.1^2) + 10 \times (6 \times 1^2)}{1000 \times 0.1^3 + 10 \times 1^3} = 10.9$ [mm^{-1}] $= 10.9 \times 10^3$ [m^{-1}]

5) $x_S = \dfrac{6}{S_V} = \dfrac{6}{10.9} = 0.55$ [mm]

6) $\dfrac{1}{\overline{x}_h} = \dfrac{1000 \times 0.1^3 \times \dfrac{1}{0.1} + 10 \times 1^3 \times \dfrac{1}{1}}{1000 \times 0.1^3 + 10 \times 1^3} = \dfrac{20}{11}$

   $\therefore \overline{x}_h = 0.55$ [mm]

7) $\overline{x}_g = (0.1^{1000} \cdot 1^{10})^{1/1010} = 0.102$ [mm]

8) $\dfrac{1000 \times (6 \times 0.1^2) + 10 \times (6 \times 1^2)}{1000 \times 3 \times 10^{-3} + 10 \times 3} = 3.64$ [mm$^2 \cdot$mg^{-1}]
   $= 3.64$ [m$^2 \cdot$kg^{-1}]

[2-2] 1) (イ) 22.5, (ロ) 7, (ハ) 0.233, (ニ) 100, (ホ) 0.240, (ヘ) 23.5, (ト) 41, (チ) 20, (リ) 38.8, (ヌ) 0.069, (ル) 800, (オ) 89, (ワ) 7, (カ) 13.2, (ヨ) 100.

2)
3)
4)

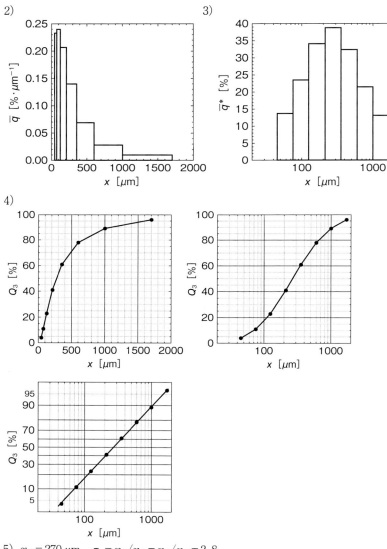

5) $x_{50} = 270 \, \mu\mathrm{m}$, $\sigma_g = x_{84}/x_{50} = x_{50}/x_{16} = 2.8$

6) $\Sigma x_i q_i \mathrm{d}x = \Sigma x_i \Delta Q_i = 22.4 \times 0.04 + \cdots\cdots + 1850 \times 0.04 = 442\ [\mu\mathrm{m}]$

7) $1/\Sigma \dfrac{q_i \mathrm{d}x}{x_i} = 1/\Sigma \dfrac{\Delta Q_i}{x_i} = 1/(0.04/22.4 + \cdots\cdots + 0.04/1850)$
$= 154\ [\mu\mathrm{m}]$

8) $\dfrac{6}{154 \times 10^{-6}} = 38,900\ [\mathrm{m}^{-1}] = 389\ [\mathrm{cm}^{-1}]$

[2-3] 1) $q(x) = \dfrac{\mathrm{d}Q(x)}{\mathrm{d}x} = -(-bx^n)' \exp(-bx^n) = bnx^{n-1}\exp(-bx^n)$

2) モード径は $\dfrac{\mathrm{d}q(x)}{\mathrm{d}x} = 0$ を満足する粒子径であるので,

$\dfrac{\mathrm{d}q(x)}{\mathrm{d}x} = bn\left[(n-1)x^{n-2}\exp(-bx^n) + x^{n-1}\left\{-bnx^{n-1}\exp(-bx^n)\right\}\right]$
$= bn(n-1-bnx^n)x^{n-2}\exp(-bx^n)$

$\therefore x = \left(\dfrac{n-1}{bn}\right)^{\frac{1}{n}}$

3) $Q(x) = 0.5$ より, $0.5 = \exp(-bx^n)$, $\ln 2 = bx^n$ $\therefore x = \left(\dfrac{1}{b}\ln 2\right)^{\frac{1}{n}}$

[2-4] 比表面積 $S_\mathrm{m}\ [\mathrm{m}^2\cdot\mathrm{kg}^{-1}]$ は次式となる. $S_\mathrm{m} = \dfrac{\psi}{\rho_\mathrm{p}} \displaystyle\int_{x_\mathrm{min.}}^{x_\mathrm{max.}} \dfrac{q(x)}{x} \mathrm{d}x$

粒子径を [m] の単位で表すと, $Q(x) = \left(\dfrac{x}{6 \times 10^{-5}}\right)^{1.2}$,

$q(x) = \dfrac{\mathrm{d}Q(x)}{\mathrm{d}x}$ より, $q(x) = \left(\dfrac{1}{6 \times 10^{-5}}\right)^{1.2} \times 1.2\, x^{0.2} = \dfrac{1.2}{(6 \times 10^{-5})^{1.2}} x^{0.2}$

ゆえに比表面積 S_m は,

$S_\mathrm{m} = \dfrac{7}{2.5 \times 10^3} \displaystyle\int_0^{6 \times 10^{-5}} \dfrac{1.2}{(6 \times 10^{-5})^{1.2}} x^{-0.8} \mathrm{d}x$

$= \dfrac{7}{2.5 \times 10^3} \dfrac{1.2}{(6 \times 10^{-5})^{1.2}} \left[\dfrac{x^{0.2}}{0.2}\right]_0^{6 \times 10^{-5}}$

$= \dfrac{7}{2.5 \times 10^3} \cdot \dfrac{6}{6 \times 10^{-5}} = 280\ [\mathrm{m}^2\cdot\mathrm{kg}^{-1}]$

[2-5] BET 多点法の場合)

計算問題II解答

P [kPa]	P_0-P [kPa]	$V \times 10^{-6}$ [m^3]	$P/\{V(P_0-P)\}$	P/P_0
8.96	92.37	123.0	789	0.088
11.87	89.46	132.1	1004	0.117
15.44	85.89	139.5	1289	0.152

右のBETプロットの切片と傾きから,式(2.47)の

$$\frac{1}{v_N C} = 96 \text{ m}^{-3}$$

$$\frac{C-1}{v_N C} = 7,823 \text{ m}^{-3}$$

よって,$V_N = 126 \times 10^{-6}$ m^3 したがって,式 (2.48) より

$$S_m = \frac{17 \times 10^{-20} \times 6 \times 10^{23}}{0.5 \times 10^{-3}} \frac{126 \times 10^{-6}}{22.4 \times 10^{-3}}$$

$$= 1.15 \times 10^6 \text{ [m}^2 \cdot \text{kg}^{-1}]$$

また比表面積径 x_s は

$$x_s = \frac{6}{\rho_p S_m} = \frac{6}{2500 \times 1.15 \times 10^6} = 2.1 \times 10^{-9} \text{ [m]} = 2.1 \text{ [nm]}$$

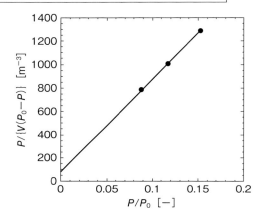

(BET 1 点法の場合) $\dfrac{P}{V(P_0-P)} = \dfrac{1}{V_N} \dfrac{P}{P_0}$

一番大きな圧力 $P = 15.44$ kPa を選ぶと,

$1289 = \dfrac{1}{V_N} \times 0.152$ ∴ $V_N = 118 \times 10^{-6}$ [m^3]

よって

$$S_m = \frac{17 \times 10^{-20} \times 6 \times 10^{23}}{0.5 \times 10^{-3}} \frac{118 \times 10^{-6}}{22.4 \times 10^{-3}} = 1.07 \times 10^6 \text{ [m}^2 \cdot \text{kg}^{-1}]$$

$$x_s = \frac{6}{\rho_p S_m} = \frac{6}{2500 \times 1.07 \times 10^6} = 2.2 \times 10^{-9} \text{ [m]} = 2.2 \text{ [nm]}$$

[2-6] 容器の内容積は $V = \dfrac{\pi}{4} 0.1^2 \times 0.1 = 7.85 \times 10^{-4}$ [m^3]

充填された粒子の体積は $V_p = \dfrac{0.4}{3900} + \dfrac{0.5}{7500} = 1.69 \times 10^{-4}$ [m³]

したがって求める空間率は $\varepsilon = 1 - \dfrac{1.69 \times 10^{-4}}{7.85 \times 10^{-4}} = 0.785$ [―]

空間比は $e = \dfrac{0.785}{1-0.785} = 3.65$ [―]

見かけ密度は $\rho_b = \dfrac{0.4+0.5}{7.85 \times 10^{-4}} = 1,146$ [kg·m⁻³]

[2-7] 1) $\phi = \dfrac{\rho_b}{\rho_p} = \dfrac{0.580 \times 10^3}{2.5 \times 10^3} = 0.232$

2) 顆粒の充填率を ϕ_{inter}，顆粒内の充填率を ϕ_{intra} とすると，

$\phi = \phi_{inter} \cdot \phi_{intra}$, $\therefore \phi_{inter} = \dfrac{0.232}{1-0.6} = 0.580$

3) 顆粒のかさ密度 $= (1-0.6) \times 2.5 \times 10^3 = 1,000$ [kg·m⁻³]

[2-8] 1) $\dfrac{3.932 \times 10^{-3}}{10^{-3}} = 3.932 \times 10^{-6}$ [m³]

2) $\dfrac{(12.090-10.126) \times 10^{-3}}{10^{-3}} = 1.964 \times 10^{-6}$ [m³]

3) $1 - \dfrac{1.964 \times 10^{-6} \text{m}^3}{3.932 \times 10^{-6} \text{m}^3} = 0.50$

4) 密度 $= \dfrac{10.126 \times 10^{-3}}{3.932 \times 10^{-6} \times 0.5} = 5.15 \times 10^3$ [kg·m⁻³]

[3-1] 式 (3.14) より強度は（クラックの大きさ，$C_{max}^{-1/2}$）に比例するため $(2.5)^2 = 6.25$ 倍の大きさのクラックを有する．

[3-2] [例題 3.1] と同様にして $(0.01/1)^{-3/10.2} \fallingdotseq 3.87$

1) 式 (3.20) から $(0.01/1)^{-5/10.2} = 9.56$

2) 式 (3.19) において粒子径 x を2分の1にすると0.176倍になる．

[3-3] 式 (3.26) のリッチンガー則なら

$20 = C_R' \left(\dfrac{1}{0.5x} - \dfrac{1}{x} \right) \rightarrow C_R' = 20x$,

$20 = C_R' \left(\dfrac{1}{0.25x} - \dfrac{1}{0.5x} \right) \rightarrow C_R' = 40x \neq 20x$

式 (3.27) のキック則なら

計算問題II解答

$$20 = C_K \ln\left(\frac{x}{0.5\,x}\right) \quad \rightarrow \quad C_K = 20/\ln 2$$

$$20 = C_K \ln\left(\frac{0.5\,x}{0.25\,x}\right) \quad \rightarrow \quad C_K = 20/\ln 2$$

よって，キック則に従う．

[3-4] ボンドの法則，式（3.28）は，粉砕前後の比表面積をそれぞれ S_p，S_f とすると以下のように変形できる．

$$E = C'_B(S_p^{1/2} - S_f^{1/2}) \quad \rightarrow \quad \frac{E}{C'_B} = S_p^{1/2} - S_f^{1/2} \quad \rightarrow \quad S_p = \left(\frac{E}{C'_B} + S_f^{1/2}\right)^2$$

粉砕によって増加した比表面積を ΔS とすると

$$\Delta S = S_p - S_f = \left(\frac{E}{C'_B} + S_f^{1/2}\right)^2 - S_f$$

また，粉砕時間が長くなると $S_p \gg S_f$ と見なすことができるので，

$$\Delta S = \left(\frac{E}{C'_B}\right)^2 \quad \text{または} \quad \Delta S \propto E^2 \quad \text{となる．}$$

[3-5] 粉砕前の砕料の80%通過粒子径 x_f を求めると

$$0.8 = 1 - \exp\{-(x_f/300)^{1.2}\}, \quad x_f = 300 \times (\ln 5)^{1/1.2} = 446\ [\mu m]$$

砕成物の80%通過粒子径 x_p は

$$0.8 = 1 - \exp\{-(x_p/15)^{1.2}\}, \quad x_p = 15 \times (\ln 5)^{1/1.2} = 22.3\ [\mu m]$$

よって

$$W = W_i\left(\sqrt{\frac{100}{x_p}} - \sqrt{\frac{100}{x_f}}\right) = 9 \times \left(\sqrt{\frac{100}{22.3}} - \sqrt{\frac{100}{446}}\right) = 14.8\ [\text{kWh}\cdot\text{t}^{-1}]$$

[3-6] $Q(x) = 1 - \exp(-370\,x^{1.2})$ に $x = 0.01$ cm（$100\,\mu m$）を代入すると $Q(0.01) = 0.771$ となる．砕成物中77.1%が $100\,\mu m$ 以下であるので粉砕機の処理能力を W [kg·h^{-1}] とすると $W \times 0.771 = 100$ より毎時 130 kg となる．

[3-7] $R = $（未粉砕試料質量）/（試料供給質量）より与えられたデータは次のようになる．

粉砕時間 [s]	60	180	300
R [—]	0.496	0.155	0.044

式（3.38）を時間 t について積分すると，$R = \exp(-k_1 t)$．プロットより $R = 0.042$（at 300 s），$k_1 = -\ln 0.042/300 = -0.0106$ [s^{-1}] が求まる．

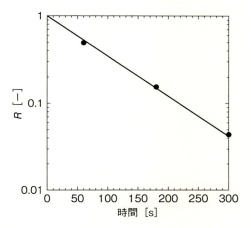

[3-8]   顆粒体の個数：2000/0.5 = 4000

$$C_\mathrm{V} = \frac{1}{\sqrt{N}}\sqrt{\frac{1-C_0}{C_0}} \times 100 = \frac{1}{\sqrt{4,000}}\sqrt{\frac{1-0.5}{0.5}} \times 100 = 1.58\,[\%]$$

[4-1]   角速度は，$\omega = \dfrac{3000 \times 2\pi}{60} = 314\,[\mathrm{rad \cdot s^{-1}}]$

1) 式 (4.24) より，$u_\mathrm{r} = \dfrac{4000-998}{18 \times 0.001} \times (1 \times 10^{-6})^2 \times 0.1 \times 314^2$

$\qquad\qquad = 1.64 \times 10^{-3}\,[\mathrm{m \cdot s^{-1}}]$

2) 式 (4.25) より，$t = \dfrac{18\mu \ln(r/r_0)}{(\rho_\mathrm{p}-\rho_\mathrm{f})x^2\omega^2} = \dfrac{18 \times 0.001 \times \ln(0.13/0.10)}{(4000-998)(1 \times 10^{-6})^2 \times 314^2}$

$\qquad\qquad = 16.0\,[\mathrm{s}]$

3) 式 (4.26) より，$t = \dfrac{18\mu(r-r_0)}{(\rho_\mathrm{p}-\rho_\mathrm{f})x^2 r_0 \omega^2} = \dfrac{18 \times 0.001 \times (0.13-0.1)}{(4000-998) \times 10^{-12} \times 0.1 \times 314^2}$

$\qquad\qquad = 18.2\,[\mathrm{s}]$

[4-2]   1) 式 (4.28) より，$u_\mathrm{e} = \dfrac{1.5 \times 1.6 \times 10^{-19}}{3 \times 3.14 \times 1.79 \times 10^{-5} \times 10^{-6}} 4 \times 10^5$

$\qquad\qquad = 5.69 \times 10^{-4}\,[\mathrm{m \cdot s^{-1}}]$

2) 式 (4.36) より，$C_\mathrm{C} = 1 + \dfrac{1}{1.0 \times 100}\{15.39 + 7.518\exp(-0.0741$

$\qquad\qquad \times 1.0 \times 100)\} = 1.15$

計算問題Ⅱ解答

式 (4.35) より,$u_e = 1.15 \times 5.69 \times 10^{-4} = 6.54 \times 10^{-4}$ [m·s^{-1}]

[4-3] 題意および式 (4.43) より,$(0.01)^2 = 2 \times 8.50 \times 10^{-12} t$.
よって $t = 5.88 \times 10^6$ [s] で,約 68 日

[4-4] 終末沈降速度は式 (4.17) より,

$$u_\infty = \frac{(2500-998) \times 9.81 \times (10^{-5})^2}{18 \times 10^{-3}} = 8.19 \times 10^{-5} \text{ [m·s}^{-1}\text{]}$$

粒子の体積濃度は,$1 - \varepsilon = 1 - \dfrac{0.8/0.998}{0.2/2.5 + 0.8/0.998}$
$= 1 - 0.9093 = 0.0907$

シュタイナー;式 (4.40) より,
$u_c = 8.08 \times 10^{-5} \times 0.909^2 \times 10^{-1.82 \times 0.0907} = 4.57 \times 10^{-5}$ [m·s^{-1}]
リチャードソン・ザキ;式 (4.41) で $n = 4.65$ として,
$u_c = 8.19 \times 10^{-5} \times (1-0.907)^{4.65} = 5.26 \times 10^{-5}$ [m·s^{-1}]
ハッペル;式 (4.42) より,
$u_c = 8.19 \times 10^{-5} \dfrac{3 - 4.5 \times 0.0907^{1/3} + 4.5 \times 0.0907^{5/3} - 3 \times 0.0907^2}{3 + 2 \times 0.0907^{5/3}}$
$= 2.79 \times 10^{-5}$ [m·s^{-1}]

[4-5] 1) 供給,粗粒,細粒側の含有率を f, r, u と表し,大,中,小の粒子をそれぞれ成分 1,2,3 とする.

$F = R + U$ より,$30 = R + U$. $f_1 F = r_1 R + u_1 U$ より,$\dfrac{1}{3} 30 = 0.5 R + 0 U$

$R = 20$ kg,$U = 10$ kg

2) 大;$\dfrac{0.5 \times 20}{10} = 1.00$,中;$\dfrac{0.35 \times 20}{10} = 0.700$,

小;$\dfrac{0.15 \times 20}{10} = 0.300$

3) $\eta_N = \dfrac{(0.5 + 0.35)20}{10 + 10} - \dfrac{0.15 \times 20}{10} = 0.55$

[4-6] 1) 原料,粗粉,細粉中の粒子径区間粒子の割合をそれぞれ,f, r, u とし,その積算値を F, R, U とすると.題意より $f = \dfrac{14.5 u + 41.6 r}{14.5 + 41.6}$. 図 4.6.1

粒子径 [mm]	0–0.4	0.4–0.5	0.5–0.6	0.6–0.7	0.7–0.8	0.8–1.0	1.0–1.4	1.4–
$f \times 100$ [%]	3.4	2.0	5.6	11.1	16.9	20.5	40.5	0
$F \times 100$ [%]	3.4	5.4	11.0	22.1	39.0	59.5	100	
$U \times 100$ [%]	13.1	20.6	41.4	76.2	98.7	100	100	100
$R \times 100$ [%]	0	0.1	0.4	3.3	18.3	45.5	100	100

2) 部分分離効率は, $\eta_i = \dfrac{rR}{fF} = \dfrac{41.6\,r}{56.1\,f} = 0.7415\,\dfrac{r}{f}$. 図 4.6.2

粒子径 [mm]	0–0.4	0.4–0.5	0.5–0.6	0.6–0.7	0.7–0.8	0.8–1.0	1.0–1.4
部分分離効率 [—]	0	0.04	0.04	0.19	0.66	0.98	1.0

3) 図 4.13.2 より 50% 分離径 = 0.72 mm.

4) 図 4.6.1 積算粒度分布のグラフから, $F(0.72) = 0.5$, $R(0.72) = 0.33$, $U(0.72) = 1.0$ を読みとり,

粗粒回収率: $\dfrac{(1-0.33) \times 41.6}{0.5 \times 56.1} = 0.994$, 細粉混入率: $\dfrac{0.33 \times 41.6}{0.5 \times 56.1} = 0.489$

ニュートン効率: $\eta_N = 0.994 - 0.489 = 0.505$

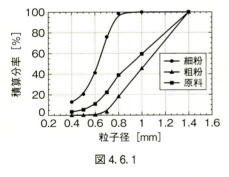

図 4.6.1

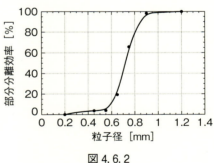

図 4.6.2

[4-7]　1) 式 (4.56) より, 通過確率は $P = \left(1 - \dfrac{8}{10}\right)^2 = 0.04$. よって 4 回.

2) 式 (4.56) より, $\left(1 - \dfrac{x}{10}\right)^2 = 0.5$. よって 2.93 cm.

[4-8]　1) 7 μm の粒子の沈降速度は式 (4.17) より,

$$u_\infty = \dfrac{9.81(2500 - 998)(7 \times 10^{-6})^2}{18 \times 0.001} = 4.01 \times 10^{-5}\,[\mathrm{m \cdot s^{-1}}]$$

計算問題Ⅱ解答

よって 50 cm 沈降するのに要する時間は，

$$t = \frac{0.5}{u_{m,L}} = \frac{0.5}{4.01 \times 10^{-5}} = 1.27 \times 10^4 \text{ [s]} = 3.5 \text{ [h]}$$

2) 5 μm の粒子の沈降速度は，

$$u_\infty = \frac{9.81(2500-998)(5 \times 10^{-6})^2}{18 \times 0.001} = 2.05 \times 10^{-5} \text{ [m·s}^{-1}\text{]}$$

12600 秒後の沈降距離は，$h = 2.05 \times 10^{-5} \times 12600 = 0.258$ [m]

よって回収される微粉の割合は，$\dfrac{0.5 - 0.258}{1} \times 100 = 24.4$ [％].

3) 7 μm 粒子の回収率は 1.0，5 μm 粒子の 0.244 が微粉側に回収されたので，ニュートン効率は，$1.0 + 0.244 - 1.0 = 0.242$．

4) 液を抜く高さを h cm とする．5 μm の粒子の沈降速度は，7 μm の粒子の沈降速度の 0.510（$=5^2/7^2$）倍．よって 7 μm の粒子が h cm 沈降する間に，5 μm の粒子は $0.511h$ cm 沈降する．したがって回収される微粉割合は，

$$\frac{h - 0.510h}{100} = \frac{0.490h}{100}.$$

$h \leq 100$ なので，回収率が 0.5 を超えることはない．

$h < 100$ cm 回収率は 50％ を超えない．

[4-9] 粒子の体積濃度は $\phi = \dfrac{0.5/4.0}{0.5/4.0 + 0.5/0.998} = 0.200$．沈降速度は式（4.17）より，

$$u_\infty = \frac{9.81 \times (4000 - 998) \times (10^{-6})^2}{18 \times 0.001} = 1.64 \times 10^{-6} \text{ [m·s}^{-1}\text{]}$$

1) 干渉沈降速度は，$u_c = 1.64(1-0.2)^{4.65} \times 10^{-6} = 0.581 \times 10^{-6}$ [m·s^{-1}]
質量沈降流束は，$u_c \phi \rho_p = 0.581 \times 10^{-6} \times 0.2 \times 4000 = 4.65 \times 10^{-4}$ [kg·m^{-2}·s^{-1}]

2) 干渉沈降速度に等しいので，5.81×10^{-7} m·s^{-1}

3) 式（4.71）より，$v = \dfrac{5.81 \times 10^{-7} \times 0.2}{0.2 - 0.4} = -5.81 \times 10^{-7}$ [m·s^{-1}]

4) $\phi h_0 = \Phi h_\infty$ より，堆積層厚さは 5 cm．

したがって，沈降時間は $\dfrac{0.05}{5.81 \times 10^{-7}} = 8.61 \times 10^4$ [s] = 23.9 [h]

[4-10] 1) $\rho_s = \dfrac{1}{s/\rho_p + (1-s)/\rho_f} = \dfrac{\rho_p \rho_f}{s\rho_f + (1-s)\rho_p}$

2) $\phi = \dfrac{s/\rho_p}{s/\rho_p + (1-s)/\rho_f} = \dfrac{s\rho_f}{s\rho_f + (1-s)\rho_p}$

3) $\phi/s = \rho_s/\rho_p$

[4-11] 1.0 mass%は前問 2) より, $\phi = \dfrac{0.01 \times 997}{0.01 \times 997 + 0.99 \times 2500} = 0.00401$.

よって $\Phi \gg \phi$, 題意より $V \gg V_m$ なので, 沪過時間と単位沪過面積当たりの沪液量の関係は式 (4.103) より $V^2 = Kt$. スラリーの粒子濃度は低いので, 処理スラリー量と沪液量は等しいと置ける. 沪過面積を a [m²], 処理スラリー量を v [m³] とすると, $\dfrac{v^2}{a^2} = Kt \to a = \sqrt{\dfrac{v^2}{tK}}$. 式 (4.99), (4.107) より

$K = \dfrac{2P}{\phi \mu \rho_p \alpha_{av}}$ よって $a = \left(\dfrac{\phi \mu \rho_p \alpha_{av}}{2P} \dfrac{v^2}{t} \right)^{1/2}$

$a = \left(\dfrac{0.00401 \times \times 0.001 \times 2500 \times 1.70 \times 10^{10}}{2 \times 10^5} \dfrac{0.01^2}{3600} \right)^{1/2}$

$= 4.89 \times 10^{-3}$ [m²] $= 48.9$ [cm²]

[4-12] 式 (4.128) で, $\ln\left(\dfrac{1}{2}\right) = -k \times 0.1$. また題意より, $\ln\left(\dfrac{1}{4}\right) = 2\ln\left(\dfrac{1}{2}\right)$

$= -kL$

よって, $L = 20$ cm

[5-1] 粒子間に働く力は, 式 (5.3), (5.5) より, $F = \left(\dfrac{A}{12z^2} + \pi\gamma\cos\theta \right) X$

$5\,\mu$m 粒子 : $F = \left(\dfrac{11 \times 10^{-20}}{12 \times 4^2 \times 10^{-20}} + 3.14 \times 0.0728 \right) \dfrac{5 \times 10^{-6}}{2}$

$= 0.715$ [μN]

$10\,\mu$m 粒子 : $F = \left(\dfrac{11 \times 10^{-20}}{12 \times 4^2 \times 10^{-20}} + 3.14 \times 0.0728 \right) \dfrac{10 \times 10^{-6}}{2}$

$= 1.43$ [μN]

引張強度は, 式 (5.7) より, $\sigma_t = \dfrac{1-\varepsilon}{\varepsilon} \dfrac{F}{x^2}$

$5\,\mu$m 粒子 : $\sigma_t = \dfrac{1-0.43}{0.43} \dfrac{0.715 \times 10^{-6}}{5^2 \times 10^{-12}} = 37.9$ [kPa]

$10\,\mu$m 粒子 : $\sigma_t = \dfrac{1-0.43}{0.43} \dfrac{1.43 \times 10^{-6}}{10^2 \times 10^{-12}} = 19.0$ [kPa]

[5-2] 1) 与えられた最大最小主応力のモール応力円は次のようになる.

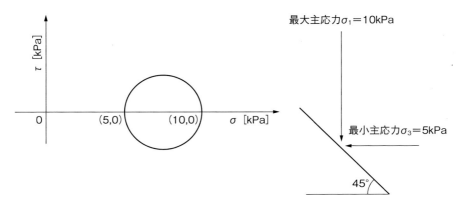

2) 1)で得られたモール応力円の頂点座標は (7.5, 2.5) だから最大剪断応力は 2.5 kPa, 頂点座標と σ 軸とのなす角度は 90° だから, 剪断崩壊面と最大主応力面とのなす角度はその角度の半分の 45° となる.

3) 下図のように描いたクーロン粉体の破壊包絡線すなわちクーロン破壊基準は 1) で描いたモール円の上を通るので, この応力状態では破壊基準に到達せず, 粉体層は破壊しない.

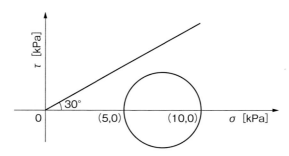

4) 下図のようにクーロン破壊基準にモールの応力円が接する時には応力空間の原点と接点, それにモールの応力円の中心を結ぶ直線は直角三角形となる. したがって最大主応力面と滑り面のなす角をモール円上に示すと下図のようにその値は応力平面では 120°, 粉体層の中ではその半分の 60° となる.

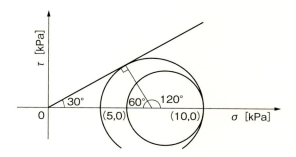

[5-3] 式（5.24）より，$F_i = \dfrac{980}{1200 \times 9.81} = 0.0832 \,[\mathrm{m}]$

[5-4] 応力平面の原点（0, 0）と測定点（28.5, 17.1）を結ぶ直線の傾きすなわち内部摩擦角 φ_i は $\tan\varphi_i = 17.1/28.5$ となるから $\varphi_i = \tan^{-1}(17.1/28.5) = 31°$ となる．したがってクーロン崩壊基準とモール円との接点と最大主応力を表す点とのなす角 2θ は $180 - (90 - \varphi_i)$ で $121°$ となる．

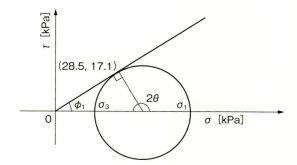

また最大主応力を σ_1，最小主応力を σ_3 とすれば式（5.10）より剪断面に加わる垂直応力 σ は，$\sigma = \dfrac{\sigma_1 + \sigma_3}{2} + \dfrac{\sigma_1 - \sigma_3}{2}\cos(121°) = 28.5\,[\mathrm{kPa}]$ また剪断応力 τ は式（5.12）から，$\tau = \dfrac{\sigma_1 - \sigma_3}{2}\sin(121°) = 17.1\,[\mathrm{kPa}]$ これら両式を連立させて解けば最大主応力 σ_1 は $58.6\,\mathrm{kPa}$，最小主応力 σ_3 は $18.7\,\mathrm{kPa}$ となる．したがってランキン定数は $k = \sigma_3/\sigma_1 = 18.7/58.6 = 0.319$

[5-5] 深さ h における鉛直圧 σ_v は式（5.20）より

$$\sigma_v = \dfrac{863 \times 9.81 \times 2}{4 \times 0.3 \times 0.319}\left\{1 - \exp\left(-\dfrac{4 \times 0.3 \times 0.319}{2}h\right)\right\}$$

$$= 4.42 \times 10^4 \{1 - \exp(-0.191h)\}$$

また，壁面圧 σ_h は式 (5.21) より $\sigma_h = 0.319\sigma_v$．これらの式に深さ 2，10，18，24，∞m を入れて計算すると，鉛直圧 σ_v はそれぞれ 14.0，37.6，42.8，43.7，44.2 kPa．壁面圧 σ_h はそれぞれ 4.47，12.0，13.6，13.9，14.0 kPa．静水圧 P_s は $998 \times 9.81h$ であるからそれぞれ 19.6，98，176，235 kPa，∞ となる．

[5-6] オリフィスからの粉体流出速度は穴径の 2.7 乗に比例することが経験的に知られている．流出速度を 3 倍にするためには穴径を 3 の 2.7 分の 1 乗にすればよい．したがって穴径は $3^{1/2.7} = 1.5$ 倍の 1.5 mm にすればよい．

[5-7] 圧力差を ΔP とすれば，少なくとも気体の圧力差が粒子の質量と釣り合う必要があるから，$\Delta P \dfrac{\pi}{4} 0.1^2 = (1500 - 1.21)(1 - 0.45) \times 9.81 \times \dfrac{\pi}{4} 0.1^2 \times 0.5$，

∴ $\Delta P = 4.04$ kPa．

エルガン式より，$\dfrac{4.04 \times 10^3}{0.5} = 150 \dfrac{(1 - 0.45)^2 \cdot 1.8 \times 10^{-5} u}{0.45^3 \cdot (100 \times 10^{-6})^2}$
$$+ 1.75 \dfrac{(1 - 0.45) \cdot 1.1\, u^2}{0.45^3 \cdot 100 \times 10^{-6}}$$

この式を整理すると $1.28 \times 10^5 u^2 + 9.01 \times 10^5 u - 8.08 = 0$ が成り立つ．
この式より u の値を求めれば

$$u = \dfrac{-9.01 \times 10^5 + \sqrt{(9.01 \times 10^5)^2 + 4 \cdot 1.28 \times 10^5 \cdot 8.08 \times 10^3}}{2 \cdot 1.28 \times 10^5}$$

$= 8.96 \times 10^{-3}$ [m·s^{-1}]

索引
(五十音順)

〔ア行〕

アシュトン (Ashton) らのモデル式 … 169
圧縮強度 … 50
圧縮造粒法 … 81
圧送式 … 195
厚み … 6
圧密崩壊曲線 … 183
圧力法 … 21
アモルファス化 … 65
アレン (Allen) … 94
安息角 … 173
アンドレアゼンピペット法 … 21
1次粒子 … 117
一点法 … 38
移動混合 … 87
移動層 … 188
引力 … 109
泳動挙動 … 109
液架橋力 … 158
X線透過法 … 21
エルガン (Ergun) 式 … 186, 189
エレクトレットフィルター … 153
円形度 … 8
遠心場 … 101
遠心分離・分級 … 133
遠心分離法 … 161
円錐四分法 … 16
応力平面 … 166
押し出し造粒法 … 81

〔カ行〕

加圧沪過器 … 145
解砕造粒法 … 81
回収率 … 111
回転円筒形真空沪過機 … 147
回転半径法 … 9
回転分割器 … 16
外部環境流動層 … 193
回分沈降曲線 … 122
界面張力 … 13
拡散挙動 … 25
拡散混合 … 87
拡散相当径 … 6
核生成 … 61
攪拌造粒法 … 82
かさ密度 … 41
加水分解法 … 63
カスケードインパクター … 131
画像解析法 … 24
仮想沪液量 … 140
仮想沪液時間 … 141
カニンガム (Cunningham) のすべり補正係数 … 105
カバー法 … 9, 86
顆粒体 … 79
換算粒子径 … 159
乾式沪過集塵 … 145
干渉沈降 … 106
慣性分離・分級 … 130
完全混合 … 85

索　　引

完全分離 …………………………… 85
乾燥ケーク質量 …………………… 141
含有率 ……………………………… 111
幾何標準偏差 ……………………… 27
幾何平均径 ………………………… 30
気相反応法 ………………………… 61
規則充填 …………………………… 39
キック（Kick）の法則 …………… 66
気泡相 ……………………………… 190
気泡流動化開始速度 ……………… 190
キャピラリー状態 ………………… 46
球圧壊強度 ………………………… 50
吸引式 ……………………………… 195
球形度 ……………………………… 8
吸着法 …………………………… 35, 37
強制渦 ……………………………… 134
強制渦型分級機 …………………… 135
強制造粒法 ………………………… 81
共沈法 ……………………………… 62
均一沈殿法 ………………………… 62
金属アルコキシド法 ……………… 63
キンチ（Kynch）の理論 ………… 128
均等数 ……………………………… 29
空間比 ……………………………… 41
空間率 ……………………………… 41
空気圧比較法 ……………………… 13
空気透過法 ………………………… 35
空気輸送 …………………………… 193
空隙率 ……………………………… 41
クーロン粉体 ……………………… 168
くさび形四面体配列 ……………… 40
屈折率 ……………………………… 23
クヌーセン（Knudsen）数 ……… 106
グリフィス・クラック …………… 54
形状係数 …………………………… 7
形状指数 …………………………… 7

形状調整 …………………………… 65
径沈降速度径 ……………………… 6
ケーク沪過 ………………………… 139
ゲルダート（Geldart） …………… 190
限界応力状態 ……………………… 170
限界状態線 ………………………… 183
限界粒子軌跡 …………………… 131, 132
限界粒子径 ………………………… 43
原子間力顕微鏡 …………………… 161
原子間力顕微鏡法 ………………… 161
顕微鏡法 …………………………… 24
高勾配磁気分離機 ………………… 154
光子相関法 ………………………… 25
高濃度低速輸送 …………………… 195
ゴーダン・シューマン（Gaudin–Schuhmann）分布 ……………………… 28
ゴーダン・シューマン分布式 …… 60
個数基準 …………………………… 26
コゼニー・カルマン（Kozeny–Carman）式 ……………………… 35, 143, 185
コゼニー定数 ……………………… 186
固体架橋 …………………………… 160
コットレル集塵機 ………………… 152
固定層 ……………………………… 184
コロナ放電 ………………………… 152
小割 ………………………………… 76
混合 ………………………………… 87
混合度 ……………………………… 84
混練・捏和 ………………………… 88

〔サ　行〕

再凝集 ……………………………… 23
サイクロン ………………………… 137
最小主応力 ………………………… 166
最小流動化速度 …………………… 189
砕料 …………………………… 49, 66, 69

索　引

最大主応力 …………………………… 166
最大粒子径 …………………………… 99
最頻度径 ……………………………… 30
さえぎりパラメータ …………… 131, 149
サスペンション ……………………… 121
三角線図 ……………………………… 8
三軸径 ………………………………… 6
算術平均径 …………………………… 30
サンプリング ………………………… 16
サンプルサイズ ……………………… 84
散乱パターン ………………………… 22
散乱光強度分布 ……………………… 23
ジェニケの剪断試験 ………………… 176
磁化 …………………………………… 103
磁化率 ………………………………… 103
磁気分離 ……………………………… 154
試験用ふるい ………………………… 18
自足造粒法 …………………………… 82
湿乾質量比 …………………………… 141
シックナー …………………………… 121
実測強度 ……………………………… 54
質量基準 ……………………………… 26
質量濃度 ……………………………… 142
磁場勾配 ………………………… 103, 154
シャープレス分離機 ………………… 137
ジャイレトリクラッシャー ………… 77
遮光法 ………………………………… 25
自由渦 ………………………………… 134
自由渦型分級機 ……………………… 137
重液分離 ……………………………… 119
集合沈降 ……………………………… 128
集塵効率 ……………………………… 147
周相当径 ……………………………… 6
周長円相当径 ………………………… 6
自由沈降 ……………………………… 106
終末速度 ……………………………… 94

終末沈降速度 ……………………… 20, 96
重力パラメータ ……………………… 149
主応力面 ……………………………… 166
縮分 …………………………………… 16
準自由渦 ……………………………… 134
障害物 ………………………………… 130
衝撃分離法 …………………………… 162
小孔通過法 …………………………… 24
蒸発凝縮法 …………………………… 61
ジョークラッシャー ………………… 77
真空式沪過器 ………………………… 145
真空凍結造粒法 ……………………… 82
浸漬状態 ……………………………… 47
浸漬熱法 ……………………………… 35
親水性 ………………………………… 13
深層沪過 ……………………………… 139
振動分離法 …………………………… 162
真密度 ………………………………… 11
垂直応力 ……………………………… 165
垂直引張り方式 ……………………… 180
水簸 …………………………………… 118
水平引張り方式 ……………………… 180
ストークス (Stokes) ………………… 6
ストークス (Stokes) 域 …………… 94
ストークス数 …………………… 130, 149
スラッギング ………………………… 191
スラッジ ……………………………… 121
スラリー ……………………………… 121
寸法効果 ……………………………… 56
正規分布 ……………………………… 27
正斜方配列 …………………………… 40
成相沈降 ……………………………… 128
清澄層 ………………………………… 122
成長法 …………………………… 49, 61
静電分離 ……………………………… 152
積算分布 ……………………………… 25

255

索　引

接触角	13
接線流	133
遷移域	94
遷移層	125
繊維層フィルター	151
洗浄集塵	132
剪断応力	165
剪断強度	50
剪断混合	87
剪断付着応力	168
相当径	6
相当濾液量	140
造粒	79
層流域	94
粗砕	76
組織敏感性	56
疎充填方法	42
疎水性	13

〔タ　行〕

第1極小	110
帯磁率	103
対数正規分布	27
対数透過則	151
体積球相当径	6
体積形状係数	10
堆積層	122
体積相当径	6
堆積粉塵層比抵抗	148
体積平均径	31
体積流束	122
帯電	102, 152
ダイナミックアーチ	174
第2極小	110
代表粒子径	5
大量処理分級機	135

脱溶媒法	64
多点法	38
多分子層吸着モデル	37
ダルシー（D'arcy）式	184
短径	6
単純圧縮破壊強度	172
単量体	61
チャネリング	191
中位径	29
中砕	76
超音波減衰分光法	25
長径	6
長短度	8
超微粉砕	76
調和平均径	30
直接剪断試験	175
直接測定法	161
沈降相当径	6
沈降箱	120
沈降法	20
沈殿法	62
定圧濾過	140
抵抗係数	94
泥漿	121
定速濾過	141
ディバイダー法	9
定方向径	6
デカンター	139
展開半径	6
電気移動度	103
電気集塵	152
電気の検知帯法	24
電気の検知法	24
電成ふるい	18
転動造粒法	82
統計的径	6

索　引

動水半径 …………………… 186
動的光散乱法 ……………… 25
動力学的形状係数 ………… 11, 104
ドラム型磁選機 …………… 154
トロンプ（Tromp）曲線 …… 115

〔ナ　行〕

内部摩擦角 ………………… 168
内部摩擦係数 ……………… 168
内部沪過 …………………… 138, 149
長さ基準 …………………… 27
2 相説 ……………………… 190
二分法 ……………………… 16
ニュートン（Newton）域 … 94
ニュートン効率 …………… 111
粘着力 ……………………… 168
濃度界面 …………………… 123

〔ハ　行〕

ハーゲン・ポアズイユ（Hagen–Poiseuille）
　式 ………………………… 185
ハードグローブ粉砕性指数 … 70
配位数 ……………………… 43
媒体攪拌型粉砕機 ………… 78
バイパス …………………… 112
破砕エネルギー …………… 58
バグフィルター …………… 148
破砕 ………………………… 65
破壊靱性値 ………………… 56
バブリング ………………… 191
ハマーカー定数 …………… 160
払い落とし ………………… 148
反発力 ……………………… 109
非圧縮性ケーク …………… 145
光散乱相当径 ……………… 6
光透過法 …………………… 21

ピクノメータ ……………… 12
比重計法 …………………… 21
比重天秤法 ………………… 21
比重びん …………………… 12
比重分離装置 ……………… 120
ヒストグラム ……………… 25
引張強度 …………………… 50, 168
比表面積 …………………… 34
比表面積径 ………………… 34
比表面積形状係数 ………… 10, 34
微粉砕 ……………………… 76
微粉分級機 ………………… 136
標準抵抗曲線 ……………… 95
表面処理 …………………… 65
表面積基準 ………………… 27
表面積球相当径 …………… 6
表面積形状係数 …………… 10
表面積相当径 ……………… 6
表面積平均径 ……………… 31
表面沪過 …………………… 138
ビルドアップ ……………… 49
ファニキュラー状態 ……… 46
ファンデルワールス力 …… 160
フィルタープレス ………… 146
風篩 ………………………… 118
フーリエ変換法 …………… 10
フェレー（Feret）径 ……… 6
付加質量 …………………… 94
複合化 ……………………… 65
付着力 ……………………… 157
部分分離（分級）効率 …… 114
部分分離効率曲線 ………… 115
ブラウン運動 ……………… 25
ブラウン拡散 ……………… 108
フラウンホーファ（Fraunhofer）回折 … 22
フラクタル次元 …………… 9, 86

索引

ふるい目開き径 …………………… 6
ふるい分け …………………… 18, 115
ふるい分け過程 …………………… 117
ブレイクダウン …………………… 49
分割器 …………………… 16
粉砕 …………………… 65
粉砕機 …………………… 75
粉砕仕事指数 …………………… 68, 69
粉砕仕事量 …………………… 67
粉砕速度定数 …………………… 71
粉砕速度論 …………………… 71
粉砕法 …………………… 49
粉体圧 …………………… 170
粉体層圧縮試験 …………………… 181
粉体層引張試験 …………………… 179
粉体崩壊曲線 …………………… 167, 183
分布指数 …………………… 28
噴霧乾燥造粒法 …………………… 82
噴霧熱分解法 …………………… 64
分離効率 …………………… 132
分離板型遠心機 …………………… 139
噴流層 …………………… 193
ヘイウッド（Heywood）径 …………………… 6
平均定方向径 …………………… 6
平均粒子径 …………………… 30
平均濾過比抵抗 …………………… 142
平行平板型剪断試験 …………………… 177
平衡粒子径 …………………… 115
ペクレ（Peclet）数 …………………… 149
ヘリウムピクノメータ法 …………………… 13
ペンジュラー状態 …………………… 46
偏析 …………………… 83
偏析度 …………………… 84
扁平度 …………………… 8
ボイコット効果 …………………… 107
ボールミル …………………… 78

ホルメス（Holmes）の法則 …………………… 69
ボンド（Bond）の法則 …………………… 67

〔マ 行〕

マーチン（Martin）径 …………………… 6
マイクロカプセル化 …………………… 82
ミー（Mie）散乱 …………………… 22
見かけ比重 …………………… 42
見かけ比容積 …………………… 42
見かけ密度 …………………… 42
見かけ粒子密度 …………………… 11
密充填方法 …………………… 42
密度（頻度）分布 …………………… 25
密度偏析 …………………… 83
メカニカルアロイング …………………… 65
メディアン径 …………………… 29
目開き …………………… 18
面積円相当径 …………………… 6
面積相当径 …………………… 6
毛細管上昇 …………………… 14
モード径 …………………… 30
モールの応力円 …………………… 166
モノマー …………………… 61
モンテカルロ法 …………………… 196

〔ヤ 行〕

ヤング（Young）の式 …………………… 13
ヤング率 …………………… 53
ヤンセンの式 …………………… 171
ユニットセル …………………… 40
葉状濾過器 …………………… 145

〔ラ 行〕

ラプラス・ヤング（Laplace–Young）の式
…………………… 158
ランキン係数 …………………… 170

索　引

ランダム充填	40
乱流域	94
離散要素法（DEM）	197
理想的（理論的）強度	52
リッチンガー（Rittinger）の法則	66
リッチンガー数	66
立方配列	40
粒子間ポテンシャル	109
粒子緩和時間	96
粒子径	5
粒子径分布	16, 60
粒子懸濁液	121
粒子相	190
粒子停止距離	96
粒子密度	11
粒子要素法（PEM）	197
粒子レイノルズ（Reynolds）	94
流体抗力	94
粒度	5
流動化開始速度	189
流動性指数	72
流動層	188
流動層造粒法	82
粒度係数	28
粒度特性数	29
粒度偏析	83
菱面体配列	40
臨海過飽和度	61
リング式剪断試験	177
ルイス（Lewis）の式	67
ルーバー集塵機	130
ルンプの式	162
レイリー（Reyleigh）散乱	22
レーザー回折・散乱法	22
連続体力学法	196
ロータップ式ふるい振とう機	18
濾過	138
濾材	138
濾滓（さい）濾過	139
濾材濾過	139
ロジン・ラムラー（Rosin–Rammler）分布	29
ロジン・ラムラー分布式	60
ロスコー状態図	183
濾布抵抗係数	148

〔ワ　行〕

ワークインデックス	68

その他

3軸圧縮試験	175
50%径	29
50%分離粒子径	115
80%径	29
AFM	161
BET式	37
CSL	183
CVD	62
CYL	183
DLVO（Derjaguin, Landau, Verway, Overbeek）理論	110
G-S分布式	28
HEPA（high efficiency particulate air）フィルター	151
HGI	70
PVD	62
PYL	167, 183
ULPA（ultra low penetration air）フィルター	151
ζ（ゼータ）電位	109

―――― 著者紹介 ――――

椿　淳一郎（つばき　じゅんいちろう）
名古屋大学名誉教授，こな椿ラボ主宰
1947年生．山形大学工学部化学工学科卒業後，修士，博士，助手時代を名古屋大学で過ごし，主に粒子形状，粉体物性の研究を行う．米国シラキュース大学で集塵を研究し，帰国後に助教授に昇進．1987年にファインセラミックスセンター（JFCC）に移りセラミックス標準化事業を立ち上げる．1994年に名古屋大学に戻り，セラミック成形プロセス，スラリー評価および制御技術を主に研究．2012年3月定年退職

鈴木　道隆（すずき　みちたか）
兵庫県立大学名誉教授
1952年生．山形大学工学部化学工学科卒業，修士課程修了後，京都大学大学院博士後期課程に進学し，粉体力学物性測定とモデル化を研究．1980年姫路工業大学助手，1985年米国ウェストバージニア大学で粉体力学物性の流動層への応用を研究．その後、姫路工業大学（現兵庫県立大学工学部）で粉粒体の充填性や流動性に対する粒子径分布、粒子形状、表面状態などの影響を主に研究．2017年3月定年退職

神田　良照（かんだ　よしてる）
山形大学名誉教授
1940年生．山形大学工学部化学工学科卒業，修士課程終了後，東北大学博士課程資源工学専攻に進学．その後山形大学工学部化学工学科に戻る．2006年3月定年退職．修士課程進学以降定年退職まで，一貫して粉体工学，特に粉砕とその関連分野の実験，研究を中心に行って来た．

| 入門　粒子・粉体工学　改訂第2版 | NDC 571 |

2002年 9 月25日　初版1刷発行
2015年 4 月10日　初版9刷発行
2016年12月20日　改訂第2版1刷発行
2024年 9 月20日　改訂第2版7刷発行

（定価はカバーに表示してあります）

　　　ⓒ著　者　　椿　　淳一郎
　　　　　　　　　鈴　木　道　隆
　　　　　　　　　神　田　良　照
　　　発行者　　井　水　治　博
　　　発行所　　日刊工業新聞社
　　　　　　　東京都中央区日本橋小網町 14-1
　　　　　　　　　　　（郵便番号 103-8548)
　　　　　　電　話　書籍編集部 03-5644-7490
　　　　　　　　　　販売・管理部 03-5644-7403
　　　　　　　　　　ＦＡＸ 03-5644-7400
　　　　　　振替口座　00190-2-186076
　　　　　　ＵＲＬ　https://pub.nikkan.co.jp/
　　　　　　e-mail　info_shuppan@nikkan.tech

　　　製　　作　（株）日刊工業出版プロダクション
　　　印刷・製本　新日本印刷（株）(POD4)

☆落丁・乱丁本はお取替えいたします。　　2016 Printed in Japan
　　ISBN 978-4-526-07637-4

本書の無断複写は、著作権法上での例外を除き、禁じられています。